高等学校应用型本科创新人才培养计划指定教材

高等学校计算机类专业"十三五"课改规划教材

Linux C 程序设计

青岛农业大学

青岛英谷教育科技股份有限公司

编著

西安电子科技大学出版社

内 容 简 介

本书从 Linux 系统出发,以 CentOS 系统为背景详细介绍了 Linux 系统开发的环境及编程接口。全书共分为 7 章,分别介绍了 Linux 系统概述、开发环境搭建、文件编程、进程编程、线程编程、网络编程以及数据库编程等内容。

本书重点突出、应用性较强、内容简练、题材新颖、案例详实,理论性与实践性并重,在结合大量实例的基础上对 Linux 系统编程接口进行了细致的讲解与剖析,既涉及操作系统基本原理,又涉及操作系统接口实现,使读者能够迅速理解并掌握相关知识,全面提高动手能力。

本书可作为高校计算机相关专业的教材使用,也可为有志于从事 Linux 系统开发工作的研究人员和相关工作者提供理论参考。

图书在版编目(CIP)数据

Linux C 程序设计 / 青岛农业大学,青岛英谷教育科技股份有限公司编著.
—西安:西安电子科技大学出版社,2017.2(2018.5 重印)
高等学校计算机类专业"十三五"课改规划教材
ISBN 978-7-5606-4422-6

Ⅰ. ① L… Ⅱ. ① 青… ② 青… Ⅲ. ① Linux 操作系统—程序设计 Ⅳ. ① TP316.85

中国版本图书馆 CIP 数据核字(2016)第 316861 号

策　　划	毛红兵
责任编辑	毛红兵　刘炳桢
出版发行	西安电子科技大学出版社(西安市太白南路 2 号)
电　　话	(029)88242885　88201467　　　邮　　编　710071
网　　址	www.xduph.com　　　　电子邮箱　xdupfxb001@163.com
经　　销	新华书店
印刷单位	陕西天意印务有限责任公司
版　　次	2017 年 2 月第 1 版　　2018 年 5 月第 2 次印刷
开　　本	787 毫米×1092 毫米　　1/16　印　张　16.75
字　　数	392 千字
印　　数	3001～6000 册
定　　价	42.00 元

ISBN 978-7-5606-4422-6 / TP
XDUP 4714001-2
如有印装问题可调换

高等学校计算机专业
"十三五"课改规划教材编委会

主编　王　蕊

编委　王　燕　　于明进　　柳永亮

　　　李长明　　赵长利　　杨和利

　　　唐述宏　　侯崇升　　张玉涛

❖❖❖ 前　言 ❖❖❖

随着计算机行业的迅猛发展，企业对应用型人才的需求越来越大。"全面贴近企业需求，无缝打造专业实用人才"是目前高校计算机专业教育的革新方向。

本书是面向高等院校计算机相关专业的标准化教材，涵盖 Linux 系统的基本概念、国际标准及编程接口等多方面内容。教材编写充分结合了 Linux 系统编程接口，经过了成熟的调研和论证，并参照多所高校一线专家的意见，具有系统性、实用性等特点。本书旨在使读者在系统掌握 Linux 系统基本概念的同时，着重培养他们解决实际问题的能力。

本书内容以培养读者对 Linux 系统的兴趣，使其熟悉 Linux 开发环境、掌握 Linux 编程接口为目标，在原有体制教育的基础上对课程进行改革，重点加强对 Linux 系统编程接口的学习。读者经过系统的学习后，可以了解车载操作系统的核心技术，掌握车载系统开发环境以及系统核心编程接口，具备投身于车载操作系统研发工作的专业能力，以及对前沿科技发展趋势的敏锐洞察力。

全书共为分 7 章，内容安排如下：

第 1 章简要阐述了 UNIX 系统、Linux 系统和 GNU 开源文化的关系，并对 Linux 系统的标准化、库函数以及系统调用进行了概述，为后面具体技术的学习奠定了基础。

第 2 章详述了 CentOS 系统的安装与配置步骤，系统讲解了 VIM 文本编辑器、GCC 程序编译器、GDB 程序调试器以及 Make 工程管理器的使用，简述了 Qt 和 Eclipse 两款图形化程序开发环境的搭建，为后续的编程学习搭建了必要的开发环境。

第 3 章详细比较了文件 IO 和标准 IO 的异同，并详细讲解了二者的使用及接口函数，详述了目录文件、链接文件等特殊文件的操作，对于编程中经常使用的临时文件也有所涉及。

第 4 章简要阐述了进程的基本概念、运行状态以及内存空间布局和进程创建、进程加载以及进程资源回收的实现，多方位讲解了进程间的通信方式，主要有管道（有名和无名）、信号、信号量、消息队列、共享内存以及内存映射等。

第 5 章简述了线程的基本概念，并分析比较了与进程的异同，详述了线程创建、系统终止和线程销毁等核心函数，并进一步挖掘了线程同步技术，包括互斥量、信号量、条件变量等。

第 6 章简述了计算机网络的基本概念和分类，详细剖析了 OSI 参考模型和 TCP/IP 实现模型，重点讲解了 Socket 网络编程模型，并区分了四种不同使用场景：UNIX Domain 报文、UNIX Domain 字节流、TCP 以及 UDP。

第 7 章简述了数据库的基本概念以及相关专业术语，详细讲解了 MySQL 数据库的安装与配置、MySQL 基本数据类型、SQL 基本语句、MySQL C 开发的函数接口以及编程步骤等。

本书的知识点合理分布于整套教材中，章节间衔接流畅，由浅入深，由总括到细分再总揽全局，理论结合实际，充分满足各类读者的学习需求。同时，为了符合教学要求，本书在结构编排上进行了精心的设计：每章开始前设有学习目标，让读者可以有针对性地学习；同时，每章结束后还有小结和习题，可以加深读者对相关内容的理解和掌握。

本书由青岛农业大学与青岛英谷教育科技股份有限公司编写，参与本书编写的人员有：王蕊、卢玉强、宋乃华、邵舟、邓宇、王燕、宁维巍等。另外，在编写期间得到了青岛农业大学、潍坊学院、曲阜师范大学、济宁学院、济宁医学院等合作院校的专家及一线教师的大力支持和协作。在本书出版之际，特别感谢合作院校的师生给予我们的支持和鼓励，感谢开发团队每一位成员所付出的艰辛劳动与努力。

由于编者水平有限，书中难免有不妥之处，读者在阅读过程中如有发现，可以通过邮箱(yinggu@121ugrow.com)联系我们，以期不断完善。

本书编委会
2016 年 10 月

❖❖❖ 目　　录 ❖❖❖

第1章 Linux 系统概述

本章目标

- 了解 Linux 系统基本概念及其特点
- 掌握 Linux 系统内核版本命名规则
- 了解 Linux 系统常见发行版本
- 了解 Linux 系统、UNIX 系统和 GNU 计划的基本关系
- 掌握系统调用和库函数的基本关系
- 掌握 C 语言标准头文件和库文件的存储路径

1.1 Linux 系统基本概念

随着开源软件在世界范围内影响力的日益增强，Linux 系统在服务器、桌面计算机、行业定制等领域获得了长足发展，尤其在服务器领域，已经取得了令人瞩目的成就。据统计，全球 TOP500 超级计算机中，超过 97% 的超级计算机运行在 Linux 操作系统之上。

1.1.1 Linux 系统特点

Linux 系统是一套免费使用和自由传播的开源操作系统，是一个基于 POSIX 和 UNIX 系统的多用户、多任务、多线程和多 CPU 的操作系统。Linux 系统支持 32 位和 64 位硬件，同时能兼容绝大多数的 UNIX 系统软件工具、应用程序和网络协议。Linux 系统始终坚持以网络为核心的设计思想，是一个性能稳定的多用户网络操作系统。

Linux 系统的基本设计思想有两点：

第一，一切皆文件。系统中一切都归结为一个特定的文件，包括命令、硬件/软件设备、OS、进程等，对于操作系统内核而言，都被视为拥有各自特性或类型的文件。

第二，每个软件都有确定的用途，同时它们都应该尽可能被编写得更好。

Linux 系统的作者是 Linus Torvalds，如图 1-1 所示。Linux 系统诞生至今已有 20 多年，之所以得到如此长远的发展，与其自身的特点是息息相关的：

图 1-1　Linus Torvalds

- ❖ 完全免费。Linux 系统是一款免费的操作系统，用户可以通过网络或其他途径免费获得，并可以任意修改其源代码，这是其他操作系统做不到的。正是由于这一点，来自全世界的无数程序员参与了 Linux 系统的修改、编写工作。程序员可以根据自己的兴趣和灵感对 Linux 系统进行改变，这使其吸收了无数程序员的精华创作，自身不断壮大。

- ❖ 完全兼容 POSIX 标准。这说明可以在 Linux 系统下通过相应的模拟器运行常见的 DOS、Windows 的程序。这为用户从使用 Windows 系统转到使用 Linux 系统奠定了基础。

- ❖ 支持多用户、多任务。Linux 系统支持多用户，各个用户对于自己的文件设备有自己特殊的权利，保证了各用户之间互不影响；多任务则是现代计算机最主要的一个特点，Linux 系统可以使多个程序同时并独立地运行。

- ❖ 拥有良好的界面。Linux 系统同时具有字符界面和图形界面。在字符界面用户可以通过键盘输入相应的指令来进行操作。Linux 系统同时也提供了类似 Windows 图形界面的 X-Window 系统，用户可以使用鼠标对其进行操作。

- ❖ 具有丰富的网络功能。Linux 系统中，用户可以轻松实现网页浏览、文件传输、远程登录等网络工作。此外，Linux 系统还可作为服务器提供 WWW、FTP、E-mail 等服务。

◇　具有可靠、安全的稳定性能。Linux 系统采取了多种安全技术措施，其中包括对读/写权限的控制、审计跟踪、核心授权等技术。Linux 系统在稳定性方面做得十分出色，完全可以胜任服务器对稳定性的需求。

◇　支持多种平台。Linux 系统兼容多种计算机硬件架构，如 x86、PowerPC、Alpha 等处理器。此外，Linux 系统作为嵌入式操作系统还兼容 ARM、MIPS 等处理器架构，可以运行在手机、平板、机顶盒等设备上。

◇　具有设备独立性。Linux 系统将所有外部设备统一当成文件来处理，只要安装设备驱动程序，任何用户都可以像使用文件一样操纵这些设备，而不必知道设备的具体存在形式。

1.1.2　Linux 系统架构

从应用角度来看，Linux 系统分为内核空间和用户空间两部分，如图 1-2 所示。用户空间主要由丰富且功能强大的应用程序和底层 C 函数库构成；作为 Linux 系统的主要部分，内核空间主要由进程调度、内存管理、文件系统、网络接口、进程间通信五个子系统构成，如图 1-3 所示。

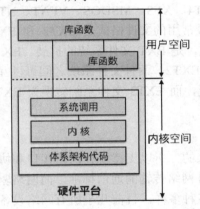

图 1-2　Linux 系统内核空间与用户空间

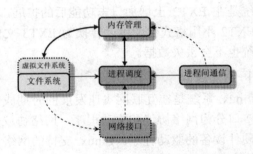

图 1-3　Linux 内核模块结构和依赖关系

1. 进程调度

进程调度指的是系统对进程的多种状态之间转换的策略。Linux 系统下的进程调度有三种策略：SCHED_OTHER、SCHED_FIFO 和 SCHED_RR。

◇　SCHED_OTHER 是针对普通进程的时间片轮转调度策略。在这种策略中，系统给所有处于"运行状态"的进程分配时间片。在当前进程的时间片用完之后，系统从进程中选择优先级最高的进程进行运行。

◇　SCHED_FIFO 是针对实时性要求比较高、运行时间短的进程的调度策略。在这种策略中，系统会按照进入队列的先后顺序进行进程的调度。当前进程在没有更高优先级进程到来或者没有其他等待资源阻塞的情况下，会一直运行

下去。

◇ SCHED_RR 是针对实时性要求比较高、运行时间比较长的进程的调度策略。这种策略与 SCHED_OTHER 的策略类似，只不过 SCHED_RR 进程的优先级要高得多。系统分配给 SCHED_RR 进程时间片，然后轮循运行这些进程，将时间片用完的进程放入队列的末尾。

Linux 进程调度采用的是"有条件可剥夺"的调度方式。普通进程采用的是 SCHED_OTHER 的时间片轮循方式，实时进程可以剥夺普通进程的资源。如在用户空间，普通进程被迫立即停止运行，将资源让给实时进程；在内核空间，实时进程需要等系统调用返回用户空间后方可剥夺普通进程的资源。

2．内存管理

内存管理是指多个进程间的内存共享策略。Linux 系统中，内存管理的主要概念是虚拟内存。

虚拟内存可以让进程拥有比实际物理内存更大的内存，可以是实际内存的很多倍。每个进程的虚拟内存有不同的地址空间，多个进程的虚拟内存不会冲突。

虚拟内存的分配策略是每个进程都可以公平地使用虚拟内存。虚拟内存的大小通常设置为物理内存的两倍。

3．文件系统

Linux 支持多种文件系统，如 EXT2/EXT3/EXT4、XFS、MSDOS、VFAT、NTFS、PROC、TMPFS、ISO9660 等。目前 Linux 系统下最常用的文件格式是 EXT2 和 EXT3。EXT2 文件系统用于固定文件系统和可活动文件系统，是 EXT 文件系统的扩展。EXT3 文件系统是在 EXT2 上增加日志功能后的扩展，兼容 EXT2。两种文件系统之间可以互相转换，EXT2 不用格式化就可以转换为 EXT3 文件系统，而 EXT3 文件系统转换为 EXT2 文件系统也不会丢失数据。

4．网络接口

Linux 系统是在互联网飞速发展的时期成长起来的，所以支持多种网络接口和协议。网络接口分为网络协议和驱动程序，网络协议是一种网络传输的通信标准，而网络驱动则是对硬件设备的驱动程序。Linux 支持的网络设备多种多样，目前几乎所有网络设备都有驱动程序。

5．进程间通信

Linux 系统支持多进程，进程之间需要进行数据的交流才能实现控制、协同工作等功能。Linux 的进程间通信方式是从 UNIX 系统继承过来的，主要有管道方式、信号方式、消息队列方式、共享内存和套接字等方法。

1.1.3 Linux 系统的起源与发展

1987 年，MINIX 系统发布，并将全部源代码免费开放给大学教学和研究工作。这在软件极其昂贵的当时得到了广泛的关注和传播。

1991 年，Linus Torvalds 在芬兰赫尔辛基大学学习期间，想通过增加 MINIX 系统的功能来提升性能，但受限于 Tanenbaum。Linus Torvalds 遂决定写一个内核，并将这一决定发布在 comp.os.minix 新闻组上，得到了全世界计算机爱好者的支持。同年 9 月 1 日，Linux v0.01 版本发布。

　　1992 年，Linux v0.12 版本开始，Linus 使用 GNU GPL 作为 Linux 系统的版权声明，将 Linux 系统奉献给自由软件，从而铸就了包括 Linux 系统在内的自由软件今天的辉煌。

　　1994 年，Linux v1.0 版本发布，开始支持基于 i386 的单处理器。Red Hat 公司以 49.95 美元的零售价格出售 Red Hat Software Linux 的 CD-ROM 和 30 天的安装支持。截止到 2012 年，Red Hat 公司成为第一家市值达 10 亿美元的开源公司。

　　1995 年，召开了第一个专门针对 Linux 的贸易和会议——Linux Expo 的年度盛会，备受关注。

　　1996 年，企鹅 Tux 被选定成为 Linux 系统的吉祥物，如图 1-4 所示。Linux v2.0 发布，开始支持多处理器架构。同年，Mattias Ettrich 发起了 KDE 项目，致力于 Linux 系统图形桌面的开发。

图 1-4　Linux 吉祥物 Tux

　　1998 年，Google 搜索引擎面世。

　　1999 年，GNOME 桌面进入 Linux 系统，很多 Linux 系统发行版都将 GNOME 桌面作为默认的桌面环境。

　　2000 年，IDC 报告表明 Linux 排在"最受欢迎的服务器操作系统的第 2 位"。爱立信公布了"Screen Phone HS210"，这是一款基于 Linux 的触屏手机，具备邮件和网页浏览等功能。Linux 系统咨询顾问 Klaus Knopper 发布了第一个 Linux Live 发行版——Knoppix。

　　2001 年，NAS(美国国家安全局)以 GPL 许可证发布了 SELinux，SELinux 提供了标准 UNIX 权限管理系统以外的安全检查层。

　　2004 年，Ubuntu 以一个不同寻常的版本号 4.10 和怪异的版本代号"Warty Warthog"(长满疙瘩的非洲疣猪)发布。Ubuntu 虽然不是内核的主要贡献者，然而对于 Linux 系统台式机和笔记本电脑的普及起到了重要作用。

　　2007 年，Linux 基金会由 OSDL(开源发展实验室)和 FSG(自由标准组织)联合成立，该基金会得到了世界各地开发者及众多计算机公司的支持，其中包括 Fujitsu、HP、IBM、Intel、NEC、Oracle、Qualcomm、Samsung 等。

　　2008 年，在 Google I/O 大会上，Google 提出了 Android HAL 架构图。同年 8 月 18 号，Android 获得了 FCC(美国联邦通信委员会)的批准。当年 9 月份，谷歌正式发布了基于 Linux 系统内核的 Android 1.0 系统。

　　2011 年，Google I/O 大会发布了 Chromebook，这是一款运行着 Chrome OS 云操作系统的笔记本，Chome OS 是基于 Linux 系统内核的云操作系统。同年 Linus 发布了 Linux v3.0 版本。

　　2013 年，Linux 系统进入车联网，运行在许多汽车的中控台上，各大汽车公司都选择 Linux 系统作为汽车的车载信息娱乐平台。

　　2015 年，Linus 发布了 Linux v4.0 版本，开启了 Linux 系统内核 Live Patching(实时补

丁)机制，实现了系统内核在无需重启的情况下自动更新的功能。

1.1.4 Linux 系统内核与发行版本

严格意义上，Linux 这个词本身只表示 Linux 内核，但实际上人们已经习惯了用 Linux 来形容整个基于 Linux 内核并且使用 GNU 工程的各种工具和数据库的操作系统。市面上虽存在着不同版本的 Linux 系统，但它们都是基于 Linux 内核的。Linux 系统可安装在各种计算机硬件设备中，如手机、平板、路由器、视频游戏控制台、计算机、大型机和超级计算机等。

Linux 内核源代码可在官方网站"The Linux Kernel Archives"上免费获取，其具体网址为"www.kernel.org"，网站首页如图 1-5 所示。

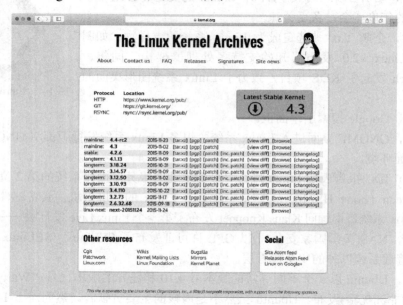

图 1-5　Linux 内核官网首页

Linux 内核的版本称为 Linux 内核版本。Linux 内核版本具有一定的命名规则，通常来说，由下列形式构成：

VERSION.PATCHLEVEL.SUBLEVEL.EXTRAVERSION

其中：

◇ VERSION 为主版本号，有结构性的变化时才会更改。

◇ PATCHLEVEL 为次版本号，有新功能时会更改，偶数为稳定版，奇数为测试版。

◇ SUBLEVEL 为修订版本号，表示对此版本的内核的修订次数或补丁包数。

◇ EXTRAVERSION 为扩展版本号，表示此版本用于修订最新稳定版出现的问题。

Linux 内核以开源代码形式对外发布，供人们免费下载。各 Linux 发行商在得到

Linux 内核源码之后，自行完成对内核的裁剪优化，搭配特定需求的应用软件，然后对外发行。这种以 Linux 内核为基础，装配了一些特定程序库或工具所发行的系统，就是所谓的 Linux 系统发行版，其中比较典型的几个 Linux 系统发行版如图 1-6 所示。每种 Linux 系统发行版都有自己的设计理念，以及所针对的不同客户群。

图 1-6　典型的 Linux 系统发行版本

1. Ubuntu

Ubuntu 是一款以桌面应用为主的 Linux 系统，默认桌面为 Unity。Ubuntu 名称来自非洲南部祖鲁语，意思是"人性"，是非洲一种传统的价值观。Ubuntu 每六个月发布一个新版本，一般在每年的 4 月份发布测试版系统，10 月份发布与之对应的稳定版。Ubuntu 旨在为用户提供一个最新的、自由的、稳定的操作系统。Ubuntu 具有庞大的社区力量，用户可以方便地从社区获得帮助。2013 年 1 月 3 日，Ubuntu 正式发布面向智能手机的移动操作系统。

中国 CCN 联合实验室以 Ubuntu 为参考，建立和主导了开源项目——Ubuntu Kylin。为了满足广大中文用户的特定需求，该项目将国际化平台与本地化应用相融合，开发出了最具中国特色的桌面系统和操作系统。这一项目得到了来自 Debian、Ubuntu、LUPA 等国内外众多社区爱好者的广泛参与和热情支持。

2. Fedora

Fedora 是 Red Hat 公司推出的社区版 Linux 系统，其被定位为 Red Hat 新技术的实验场，每年发布两个新版本。每一版本的 Fedora 都会引入大量的新技术，待测试稳定之后加入到 Red Hat Enterprise Linux 中。从 21 版本开始，Fedora 分化为三个子版本：Fedora Cloud、Fedora Server 和 Fedora Workstation。

Fedora 默认采用 RPM 软件包管理方式，使得系统在安装、升级、删除和管理软件方面变得十分容易。Fedora 对 Linux 内核、glibc 以及 gcc 所做出的贡献是有目共睹的，其对于 SELinux 功能、虚拟化技术、系统服务管理器、前沿日志文件系统以及其他企业级功能的整合也赢得了公司客户的高度赞赏。

3. openSUSE

openSUSE 前身为 SUSE Linux 和 SUSE Linux Professional，其用户界面非常华丽，而

且性能良好，在欧洲的发行量常年占据第一位。openSUSE 采用 KDE 作为默认桌面环境，其软件包管理系统采用自主开发的 YaST，颇受好评。

openSUSE 不仅是一款优秀的桌面系统，作为中小型企业服务器，它也具有十分明显的优势。YaST2 软件包管理系统可以使服务器的配置更加简单和快捷。作为默认的防入侵系统，AppArmor 从内到外保护操作系统和应用程序。SELinux 安全机制的引入大大增强了系统的安全性。

4．Debian

Debian 最早是由 Ian Murdock 于 1993 年创建并发起的，至今已经发展成为最大的非商业 Linux 发行版。Debian 是一款完全由社区驱动的 Linux 发行版，目前支持的内核有 Linux、FreeBSD 和 Hurd。

Debian 的发行及其软件源有五个分支：oldstable(旧稳定分支)、stable(稳定分支)、testing(测试分支)、unstable(不稳定分支)以及 experimental(实验分支)。Debian 默认采用 apt-get/dpkg 的软件包管理方式：apt-get 工具用于从远程服务器获取软件包以及处理复杂的软件包依赖关系；dpkg 工具用于本地软件包的安装、更新以及删除。这种软件包管理方式使得 Debian 系统在安装、升级、删除和管理软件方面变得十分容易。

5．Red Hat Enterprise Linux

Red Hat Enterprise Linux 是 Red Hat 公司发行的企业级 Linux 系统。该系列有三个版本：Red Hat Enterprise Linux AS、Red Hat Enterprise Linux ES 以及 Red Hat Enterprise Linux WS。目前最新的版本为 Red Hat Enterprise Linux 7，该版本是基于 Fedora 19 发展而来的，并引入了很多新的特性：内核版本升级为 Linux Kernel 3.10；默认文件系统为 XFS 格式；系统及服务方面使用 systemd，取代了传统的 SysV；引入了 Docker 容器等。

Red Hat 公司并不售卖软件，而是依靠订阅红帽服务营利，订阅服务给了用户极大的灵活性。订阅服务尝试给用户提供了高质量的服务，而不是某个产品的正式版本。Red Hat Enterprise Linux 生命周期非常长，Red Hat 公司更是将 5、6、7 三个版本系统的支持年限从原有的 7 年增加到 10 年，为用户长期部署操作系统提供了保障。

6．CentOS

CentOS(Community Enterprise Operating System)来自 Red Hat Enterprise Linux 依照开放源代码规定释出的源代码所编译而成。由于出自同样的源代码，因此有些要求高度稳定性的服务器，会选择使用 CentOS 替代商业版的 Red Hat Enterprise Linux 使用。两者的不同之处在于 CentOS 并不包含封闭源代码软件。

2014 年，Red Hat 公司完成对 CentOS 公司的收购。收购之后，CentOS 和 Red Hat Enterprise Linux 之间的关系保持不变，即社区成员和贡献者继续对 CentOS 所做的贡献是独立于 Red Hat Enterprise Linux 的，并且 CentOS 仍会使用 Red Hat Enterprise Linux 作为上游。

1.1.5　Linux 系统市场占有分析

经过多年的发展，Linux 系统已经在服务器、桌面计算机、嵌入式等领域取得了令人瞩目的成绩。这些成绩的取得，既有传统 Linux 系统发行商的赞助支持，也有全世界 Linux 系统开发者和维护者的无私奉献，而这一事实在 Linux 诞生之初便一直存在。当今社会，大数据、云计算、物联网等新技术的不断涌现，更为 Linux 系统的发展提供了机遇与挑战。

1．服务器领域

传统 IT 行业架构难以满足新一代应用的复杂规模、扩充弹性、海量数据等难题，以云计算和大数据为主导的现代 IT 模式为 Linux 系统和开源软件的发展提供了条件，而事实也证明了这一结论。Red Hat Enterprise Linux 系统中的 KVM、RHEV、Satellite 以及丰富的 JBoss 中间件系列产品，已经在 Amazon、NIT 等知名厂商的云计算产品中得到了广泛的应用，证明了其优秀的价值。Red Hat 公司的 CloudForms 和 OpenShift 两款云计算平台分别实现了 IaaS 和 PaaS。Red Hat Enterprise Linux 与 OpenStack 进行全方位整合，包括安全、存储、虚拟化及应能优化等方面，推出了 Red Hat Enterprise Linux OpenStack Platform 以满足生产级环境的业务需求。Red Hat 公司推出的 Red Hat Gluster Sotrage 和 Red Hat Ceph Storage 两款具有高可靠、高扩展性的块存储和对象存储平台，实现了海量数据存储功能。

2．桌面计算机领域

在桌面计算机领域，Windows 系统一直处于垄断地位。Net Application 公司于 2015 年 6 月份发布了全球桌面系统市场份额报告，如图 1-7 所示。该报告表明，Windows 系统市场占有率超过 90%，Linux 系统市场占有率不足 2%。由于用户的使用习惯以及 Linux 系统的普及速度，在相当长的一段时间内，Linux 系统不可能超越 Windows 系统，但这并不能表明 Linux 系统桌面不够优秀。Ubuntu 使用 Compiz 实现的炫酷 3D 桌面，远远超过 Windows 的动态特效。OpenSUSE 用户界面异常华丽，远超 Windows 系统的 Aero 效果。国产操作系统 NeoKylin 界面采用高仿的 Windows XP 风格，正被广大中国用户所接受。据 Dell 在华销售统计数据表明，有超过 40%的个人计算机预装了 NeoKylin。

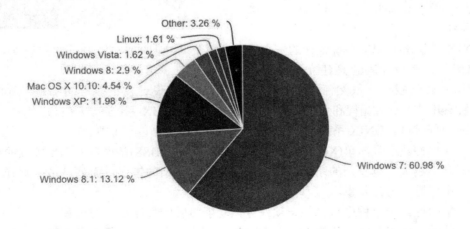

图 1-7　2015 年 5 月份全球桌面市场占有率

3．嵌入式领域

作为绝对的主力军，Linux 系统广泛应用于消费电子、工业控制、军工电子、电信/网络/通信、航空航天、汽车电子、医疗设备、仪器仪表等行业。尤其在移动市场，Android系统与 iOS 系统的"双寡头垄断"的地位已经无人可撼动，其中 Android 系统的底层采用的就是 Linux 内核。智能手表、智能电视等一些电子类产品也纷纷采用 Android 系统。Android 系统的繁荣，也就代表了 Linux 系统在嵌入式领域的繁荣。此外，Ubuntu 推出的手机操作系统也在一定程度上赢得了用户的一致好评。

1.2　Linux 系统与 UNIX 系统的历史渊源

一般意义上认为，Linux 系统是一套免费使用和自由传播的类 UNIX(UNIX-Like)系统。由于 Linux 系统很大程度上是参照 UNIX 系统设计的，因此 Linux 系统和 UNIX 系统是非常相似的。事实上，几乎所有为 UNIX 系统编写的程序都可以在 Linux 系统上编译运行，甚至一些专用于 UNIX 系统的商业软件，可以毫无改变地以二进制形式运行在 Linux系统上。

1.2.1　UNIX 系统基本概念

UNIX 系统是一款支持多用户、多任务的分时操作系统。1970 年，UNIX 系统在贝尔实验室(Bell Labs)开发完成，其主要开发人员为 Ken Thompson 和 Dennis Ritchie，如图 1-8 所示。目前 UNIX 系统的商标授权归国际组织 The Open Group 所拥有，只有符合单一 UNIX 规范的 UNIX 系统才能使用这个商标，否则只能称为类UNIX 系统。

图 1-8　Ken Thompson(左)和 Dennis Ritchie(右)

UNIX 哲学是 UNIX 系统设计的一个重要组成部分，其设计理念是建立小的模块化的应用并做到极致。虽然任何平台上的 C 语言程序设计在很多方面都是一样的，但UNIX 系统开发人员对编程和系统却有其独特的观点，UNIX 系统(包括 Linux 系统)鼓励一种特定的编程风格。UNIX 系统或 UNIX 程序设计一般遵循以下原则：

- ◇　简单性。小且简单(Keep It Small and Simple，KISS)是很多 UNIX 工具的设计理念。越大、越复杂的系统注定包含越大、越复杂的错误，而调试是所有开发人员都想避免的苦差事。
- ◇　集中性。一个程序只执行一项任务，功能臃肿的程序难以使用和维护，单一目标的程序更容易修复和改进。在 UNIX 系统中，面对用户新的需求时，通常是将小工具组合起来完成复杂的任务，而不是将一个用户期望的所有功能放到一个大程序中。

◇ 可重用组件。通常会将应用程序的核心以库的形式实现。简单灵活的编程接口、文档齐全的库可以帮助其他开发人员开发出同类程序，或者把这些技术应用到新的领域。

◇ 过滤器。许多 UNIX 程序被用作过滤器，将一个程序的输出转化为另一个程序的输入。过滤器可以将 UNIX 程序通过一种新颖的方式组合起来，以完成复杂的功能。

◇ 通用的文件格式。通常，UNIX 程序的配置文件和数据文件是以纯 ASCII 码文本文件或 XML 文件的形式进行存储的。这使用户可以用标准工具来修改和搜索配置项，并且可以开发出新工具，在数据文件上执行新的功能。

◇ 灵活性。不能期待用户都能非常正确地使用程序，所以在程序设计时应尽量考虑到灵活性，避免随意限制字段长度或记录数。永远不要认为你知道用户想做的一切事情。

Linux 终端可以通过管道或其他特性形成不同的组合来完成更复杂的任务，甚至图形界面程序也经常会在后台调用更简单的应用去做比较耗时的任务。这种模式也让建立终端脚本更为简单，通过文本把一些简单工具结合起来去做复杂的事情。

1.2.2　UNIX 系统起源与发展

1965 年，贝尔实验室加入一项由通用电气(General Electric)和麻省理工学院(MIT)合作的项目。该项目是要建立一套多用户、多任务、多层次的 MULTICS 操作系统，四年后因工作进度太慢而被叫停。贝尔实验室从 MULTICS 项目退出时，Ken Thompson 已经掌握了大量的 MULTICS 设计思想。

1970 年，Ken Thompson 为了将游戏"Space Travel"从 GE-635 计算机移植到 PDP-7 计算机上，与 Dennis Ritchie 合作写了一个文件系统。当时，Brian Kernighan 戏称他们的系统为"UNiplexed Information and Computing Service"，缩写为"UNICS"，后来大家取其谐音，称其为"UNIX"。这一年，被称为 UNIX 系统元年。

1973 年，Ken Thompson 和 Dennis Ritchie 使用 C 语言重写了 UNIX 系统(第四版)。至此，UNIX 系统的修改、移植变得相当容易，为日后的普及打下了坚实的基础。UNIX 系统和 C 语言完美结合为一个统一体，很快成为世界的主导。

1974 年，Ken Thompson 和 Dennis Ritchie 在"Communications of the ACM"期刊上发表了一篇题为"UNIX Time－Sharing System"的论文，第一次公开展示了 UNIX 系统。此后，UNIX 系统受到政府机关、研究机构、企业和大学的关注，并逐渐流行起来。

1975 年，UNIX 系统发布第六版，该版本具有里程碑式的意义，因为这是一个真正具有现代意义的操作系统。该版本系统已几乎具备了现代操作系统的所有概念：进程、进程间通信、多用户、虚拟内存、系统的内核模式和用户模式、文件系统、中断管理、I/O 设备管理、系统接口调用(API)、用户访问界面(Shell)。由于互联网此时尚未产生，所以该版本系统并不具备网络功能。

1977 年，加州大学伯克利分校(University of California, Berkeley)在 UNIX 系统源码基础上进行改写，并发布了 BSD(Berkeley Software Distribution)系统第一版。此后，BSD 系

统逐渐发展为 UNIX 系统的一个重要分支。

1982 年，AT&T(贝尔实验室隶属公司)发布 UNIX System Ⅲ，这是一个商业版本，用于对外出售。次年，为了解决 UNIX 版本混乱的问题，AT&T 综合了其他大学和公司开发的各种 UNIX，发布了 UNIX System V，新的 UNIX 系统商业版本需要付费才能使用，并且不再包含源代码，这一决定限制了 BSD。为了减少纠纷，加州大学伯克利分校规定，BSD 本身依然保持免费，但是只能提供给持有 AT&T 源码许可的公司。与此同时，加州大学伯克利分校的师生们也开始着手另一项工作——将 AT&T 所有的专有代码从 BSD 中逐渐去除。

1983 年，TCP/IP 协议与 BSD 系统 4.2 版同时发布，填补了 UNIX 系统网络的空缺。BSD 系统 8 个主要的发行版中包含了 TCP/IP 代码实现，这些代码几乎是现在所有系统中 TCP/IP 实现的前辈。UNIX System V 和 Microsoft Windows 中的 TCP/IP 实现都参照了 BSD 的源码，TCP/IP 协议也逐步成为 UNIX 系统的标准网络协议。

1991 年，一群 BSD 系统开发人员离开加州大学伯克利分校，创办了 BSDI 公司 (Berkeley Software Design Inc.)。次年，BSDI 公司以极低的版税销售 BSD 系统，并声称 BSD 系统中完全没有 UNIX 系统的源代码，这一举动惹怒了 AT&T 公司。1992 年，AT&T 公司下属子公司 USL(UNIX System Laboratories)对 BSDI 公司提起诉讼，状告其侵犯版权、泄漏商业机密，BSD 公司也反诉 USL 公司的 UNIX 系统没有对引用 BSD 系统的代码进行有效声明。

1993 年，AT&T 公司将 USL 公司和所有的 UNIX 产业出售给 Novell 公司，其中包括代码版权等。后来 Novell 公司将 UNIX 商标转售给国际组织 The Open Group。Novell 公司主动与 BSDI 公司达成协议，允许 BSD 系统在剔除为数不多的 UNIX 系统代码后随意发行，双方的纠纷于次年 1 月份结束。在 1992~1994 年期间，BSD 的开发几乎处于停滞阶段，错过了发展的黄金时机。官司结束以后，BSD 又不幸发生分裂，变成了 FreeBSD、NetBSD 和 OpenBSD 三个版本。

如今 UNIX 系统依然分为两大派系：UNIX 系统和 BSD 系统。UNIX 系统派系方面，多家大学、研究机构和公司获得 UNIX 授权后，各自开发出不同的衍生版本，其中比较著名的有：IBM 公司的 AIX 系统、Sun 公司(现已被 Oracle 收购)的 Solaris 系统、HP 公司的 HP-UX 系统。BSD 系统派系比较知名的系统有 FreeBSD、NetBSD 和 OpenBSD。值得一提的是，Apple 公司的 Mac OS 系统内核 Drawin 是建立在 FressBSD 代码的基础之上的。

1.2.3 UNIX 系统肩上的 Linux 系统

UNIX 系统第七版发布后，AT&T 公司意识到了 UNIX 系统的商业价值，随后发布新的版权声明，将 UNIX 源码私有化，禁止在大学中使用 UNIX 源代码。荷兰阿姆斯特丹自由大学教授 Andrew S. Tanenbaum 为了课堂上能够教授学生操作系统运作的实务细节，决定在不使用任何 AT&T 的源代码前提下，自行开发与 UNIX 兼容的操作系统，以避免版权上的争议。Andrew S. Tanenbaum 教授将所开发的系统命名为 MINIX，为 UNIX 的精简型(mini-UNIX)。

除起动的部分以汇编语言编写以外，MINIX 系统几乎都是采用 C 语言编写的，分为内核、内存管理及文件管理三部分。MINIX 系统程序源码踪迹约 12 000 行，并写入教材 "Operating Systems: Design and Implementation" 的附录里作为范例。

　　1988 年，Linus Torvalds 考入芬兰赫尔辛基大学，主修计算机专业。学校当时仅有一套 UNIX 系统，无法满足学生需求。Linus Torvalds 购买了基于 Intel 386 的个人计算机，并成功移植了 MINIX 系统。在此期间，Linus Torvalds 对 MINIX 系统进行了深入学习和研究。当 Linus Torvalds 想进一步增加系统的功能来提升 MINIX 性能时，却受限于 Tanenbaum 教授。于是，Linus 决定写一个内核，并将这一决定发布在 comp.os.minix 新闻组上，得到了全世界计算机爱好者的支持。1991 年 9 月 1 日，Linux v0.01 版本发布。

　　Linus Torvalds 承认，Linux 系统的设计很大程度上受到 MINIX 系统的影响。但在设计哲学上，Linux 系统则和 MINIX 系统大相径庭：MINIX 系统内核设计上采用微内核的原则，但 Linux 系统和原始的 UNIX 系统都采用单内核的概念。在 Linux 发展之初，Linus Torvalds 和 Andrew S. Tanenbaum 还于 1992 年在新闻组上有过一场精彩的理念辩论。MINIX 系统的作者和支持者认为 Linux 的单内核构造是"向 70 年代的大倒退"，而 Linux 的支持者认为 MINIX 本身没有实用性。

　　Linux 系统的设计很大程度上参考了 UNIX 系统。毫不夸张地说，Linux 系统是一种外观和性能与 UNIX 系统接近甚至比其更好的操作系统，但是 Linux 系统并不是 UNIX 系统。Linux 系统不源于任何版本的 UNIX 的源代码，而是一个类似于 UNIX 系统的产品。Linux 系统成功模仿了 UNIX 系统及其功能。确切来讲，Linux 系统是一套兼容 UNIX 和 BSD 系统的操作系统：UNIX 系统的软件程序源码经过重新编译后，可以运行在 Linux 系统上；BSD 系统的绝大多数执行程序，可以直接在 Linux 系统中运行。

1.3　Linux 系统与 GNU 开源文化

　　Linux 能够存在并发展到今天是无数人共同努力的结果。Linux 本质上只是一个操作系统内核，市场上的 Linux 系统的发行版无不携带了大量的 GNU 软件，在这个层面上讲，Linux 系统更应被称为 GNU/Linux 系统。

1.3.1　GNU 基本概念

　　GNU 是 "GNU is Not UNIX" 的递归缩写。GNU 计划的创始人是 Richard Stallman(如图 1-9 所示)，该计划的目的是创建一套完全自由的操作系统。为保证 GNU 软件可以自由使用、复制、修改和发布，所有 GNU 软件应遵循 GPL(GNU General Public License)，也被称为 Copyleft。

　　GNU 计划倡导自由软件(free software)。所谓自由软件，是指权利问题，而不是价格问题。Richard Stallman 曾这样解释过自由软件："free software" is a matter of liberty, not price. To understand the concept, you should think of "free" as in "free speech", not as in "free beer"。GPL 更是赋予使用

图 1-9　Richard Stallman

者如下四种自由：

✦ 不论目的为何，有获得并运行该软件的自由。

✦ 有研究该软件如何运行以及按需改写该软件的自由。

✦ 有重新发布拷贝的自由，可以借此来敦亲睦邻。

✦ 有改进该软件以及向公众发布改进的自由，这样整个社会都可受惠。

目前，GNU 计划已经成为一个影响软件开发的主要力量，创造了无数的自由软件。所有这些软件，都可在 GNU 官网 www.gnu.org 上获得，其中，比较知名的自由软件有：

✦ GCC：GNU 编译器集，包括 C 语言编译器 gcc、C++语言编译器 g++等。

✦ GDB：源代码级别的代码调试工具。

✦ Make：UNIX 系统 make 命令的替代版本。

✦ Bison：与 UNIX 系统 yacc 兼容的语法分析程序生成器。

✦ Bash：一款命令解释器(Shell)。

✦ Emacs：一款文本编辑器。

还有很多软件虽非 GNU 计划开发，但也默认遵守自由软件原则和 GPL 条款，包括办公软件(例如 OpenOffice)、源代码控制工具(例如 Git)、编译器和解释器、互联网工具、图形图像处理工具以及三个完整的桌面系统(KDE、GNOME、Unity)。

1.3.2 Linux 系统与 GNU 相辅相成

1983 年，Richard Stallman 在 net.unix-wizards 新闻组上公布了创建 GNU 计划的消息，其中一个理由就是要"重现当年软件界合作互助的团结精神"。尽管 Richard Stallman 当时不是 UNIX 系统的开发人员，但在当时的大环境下，实现一个仿 UNIX 的系统成为他追求的目标。

1985 年，Richard Stallman 在 *Dr. Dobb's Journal of Software Tools* 杂志上发布了"the GNU Manifesto"(GNU 宣言)，阐述了自由软件的要旨——用户是主人，不是程序的奴隶。同年，Richard Stallman 创建自由软件基金会(Free Software Foundation，FSF)，一个致力于推广自由软件的美国民间非营利性组织，主要工作是执行 GNU 计划，开发更多的自由软件。

1991 年，GNU 计划已经开发出大量优秀软件，包括文字编辑器 Emacs、编译器 Gcc 以及大部分 UNIX 系统程序库和工具，唯一遗憾的是，计划开发的操作系统内核——Hurd 因为种种原因进度缓慢。同年，Linus Torvalds 编写出了与 UNIX 内核完全兼容的 Linux 内核，并在 GPL 条款下发布，Linux 内核在网上迅速流传，许多程序员参与了开发与修改。次年，Linux 与 GNU 软件相结合，完全自由的操作系统正式诞生。

当今，市场上发行的 Linux 系统使用了大量的 GNU 软件，包括 Shell、程序库、编译器以及其他工具和软件。正是基于这点，很多人将 Linux 系统称为"GNU/Linux"，其代表者有 Ubuntu、Debian 等，另一部分人仍然坚持称呼其为"Linux"。关于这一话题，Linus Torvalds 于 1996 年在新闻组曾表示："关于这个的讨论已经够多的了，非常感谢！对于公众来说，如何称呼 Linux 根本就不算个事，只要可以自圆其说就够了。从我个人的角度，我会非常乐意继续称之为 Linux。"2005 年，Richard Stallman 接受 ZNET 采访时说："设计 Linux 并不是为了解放网络世界，而且 Linux 的开发动机也并不会带给我们今天所看到的整个 GNU/Linux 系统。今天有数十万用户使用这样的操作系统，他们因此而获得了自由——但他们并没有意识到这一点，因为他们觉得这个系统就是 Linux，而且是一个学生因为'只是觉得好玩'而开发出来的。"

1.4　Linux 系统程序设计规范

人们在 Linux 系统编程环境和 C 程序设计语言的标准化方面已经做了很多工作，使得应用程序在不同 Linux 操作系统之间进行移植变得相当容易。

1.4.1　Linux 系统标准化

Linux 内核 95%以上的代码都是由 C 语言编写的，其实现方式完全遵循 ANSI/ISO C 和 POSIX 标准。

1. ANSI/ISO C

ANSI C 是美国国家标准协会(American National Standards Institute，ANSI)对 C 语言发布的标准。该标准鼓励 C 软件开发者遵循 ANSI C 文档的要求，编写跨平台的代码。

ISO C 标准是由国际标准化组织/国际电子委员会(International Organization for Standardization/International Electrotechnical Commission，ISO/IEC)进行开发与维护的，在 ANSI C 标准基础上进行优化，意图增加 C 语言的可移植性，使其能适合于大量不同的操作系统。该标准不仅定义了 C 语言的语法和语义，还定义了其标准库。

由于 ISO C 标准中的某些改进源于 ANSI 标准，而 ANSI C 标准也接受了这个国际版本，因此经常将二者合并为 ANSI/ISO C 标准。

2. POSIX

POSIX 表示可移植操作系统接口(Portable Operating System Interface，POSIX)，POSIX 标准定义了操作系统应该为应用程序提供的接口标准，是 IEEE 为将要在各种 UNIX 操作系统上运行的软件而定义的一系列 API 标准的总称，其正式称呼为 IEEE 1003，而国际标准名称为 ISO/IEC 9945。

在 POSIX 标准制定的最后阶段，Linux 刚刚诞生，这就为 Linux 的发展提供了良好的机遇。无论是最初的内核代码，还是在发展完善过程中的内核代码，Linux 系统都做到了与 POSIX 标准的兼容。可以这样说，Linux 是完全遵循 POSIX 标准的。

1.4.2　系统调用和库函数

Linux 系统内核向程序提供了定义良好、数量有限的接口，由此程序可以向 Linux 系统内核请求服务。Linux 系统提供的这些接口被称为系统调用(System Call)，Linux 内核 3.2.0 版本提供了约 380 个系统调用。

《Linux 程序员手册》第二章对系统调用进行了详细说明。Linux 系统为每个系统调用在标准 C 库中设置了具有相同名字的函数，这些函数被称为系统调用函数(简称系统调用)。用户进程可以直接使用系统调用函数请求所需的服务，而无须理会这些函数是用何种技术请求内核服务的。从应用的角度考虑，可以完全将系统调用视为普通的 C 函数。

《Linux 程序员手册》第三章定义了程序员可以使用的通用库函数。虽然库函数可能会调用一个或多个系统以实现其功能，但它们本身并不是内核的入口点。例如，函数 printf()之所以能够向显示器输出内容，是因为底层使用了系统调用 write()。

从实现者的角度来看，系统调用和库函数有根本区别。从用户角度来看，其区别并不重要：系统调用和库函数都以 C 函数的形式出现，两者都为应用程序提供服务。但是应该明白，可以用系统调用替换库函数，而系统调用通常不能被替换。

以内存分配为例，有多种技术可以实现内存分配以及垃圾内存回收，这些技术中并没有哪一种技术对所有程序都是最优的。在 Linux 系统调用中，处理内存分配的系统调用 sbrk()，不是一个通用的内存管理器，它按指定字节数增加或减少进程内存空间，如何管理该内存空间取决于进程。内存分配库函数 malloc()能实现一种特定类型的分配，如果不喜欢其操作方式，可以定义自己的 malloc()函数，但它很可能将使用系统调用 sbrk()。事实上有很多程序开发包使用了系统调用 sbrk()来实现自己的存储空间分配算法。应用程序中库函数 malloc()以及系统调用 sbrk()之间的关系如图 1-10 所示。

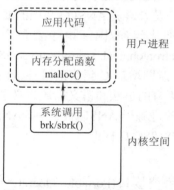

图 1-10   malloc()和 sbrk()的关系

系统调用和库函数之间的另外一个区别是：系统调用通常提供一种最小接口，而库函数通常提供比较复杂的功能。这一点可以从系统调用 sbrk()和库函数 malloc()的差别中看出。

1.4.3　程序设计索引

对于 Linux 系统程序开发人员来说，了解程序开发资源在系统中存放的位置非常重要。这有助于程序开发人员快速查看所用函数的声明、组合系统功能、缩减程序开发周期。

1．头文件

Linux C 程序设计时，需要头文件来提供常量的定义、系统调用及库函数的声明。对 Linux 系统而言，相关的头文件都存放在 /usr/include 目录及其子目录下。一些依赖于特定

Linux 版本的头文件通常位于 /usr/include/sys 和 /usr/include/linux 目录下。

2．库文件

函数库是一组预先编译好的函数集合，这些函数按照可重用的原则编写。库文件通常由一组相互关联的函数组成，以执行某项常见的任务，比如屏幕处理函数库(curses 和 ncurses)和数据库访问库(dbm)。系统标准库文件一般存储在/lib 和/usr/lib 目录下。

函数库最简单的形式是一组处于"准备好使用"状态的目标文件。当程序需要使用函数库中的某个函数时，它包含一个声明该函数的头文件。编译器和链接器负责将程序代码和函数库组合在一起以组成一个单独的可执行文件。

库文件的名字总是以 lib 开头，随后的部分用以指明库的类型，例如 libc 代表 C 语言库，libm 代表数学库。文件名的最后以"."开始，然后给出库文件的类型：

◇　.a，传统的静态库。

◇　.so，共享函数库。

静态库在程序的链接阶段被复制到程序中，与程序打包一同发布，在程序运行时对库没有依赖性。静态库的使用有一个缺点：当同时运行多个程序，并且它们都使用来自同一个函数库的函数时，内存中就会有同一函数的多份副本，这占用了大量宝贵的内存和磁盘空间。

共享库的链接方式是这样的：程序本身不再包括函数代码，而是引用运行时可访问的共享代码。当编译好的程序被装载到内存中执行时，函数引用被解析并产生对共享库的调用，如果有必要，共享库才被加载到内存中。通过这种方法，系统可以只保留共享库的一份副本供许多应用程序同时使用，并且在磁盘上也仅保存一份。共享库的另一好处是：共享库的更新可以独立于依赖它的应用程序。共享库的缺点是：程序对库有依赖性。

小　　结

通过本章的学习，读者应该了解：

◇　Linux 系统是一套免费使用和自由传播的开源操作系统，是一个基于 POSIX 和 UNIX 系统的多用户、多任务、多线程和多 CPU 的操作系统。

◇　Linux 系统设计的两个基本思想是一切皆文件和每个软件都有确定的用途。

◇　Linux 系统内核空间主要由进程调度、内存管理、文件系统、网络接口、进程间通信等五个子系统构成。

◇　Linux 内核源代码可在其官方网站"The Linux Kernel Archives"免费获取，其具体网址为"www.kernel.org"。

◇　Linux 内核版本命名形式为"主版本号.次版本号.修订版本号.扩展版本号"。

◇　Linux 系统发行版本很多，常见的版本包括 Ubuntu、Fedora、Debian、openSUSE、Red Hat Enterprise Linux 和 CentOS 等。

◇　Linux 系统的设计完全兼容 UNIX 系统，在这个层面上也称其为类 UNIX 系统。

◇　Linux 系统发行版是由 Linux 内核和大量 GNU 软件共同组成的，因此 Linux 系统也被称为 GNU/Linux 系统。

◇ Linux 内核 95%以上的代码都是由 C 语言编写的，其实现完全遵循 ANSI/ISO C 和 POSIX 标准。

◇ Linux 系统调用和库函数都以 C 函数的形式出现，系统调用提供一种最小接口，库函数是在系统调用基础上封装了一些比较复杂的功能。

◇ Linux 系统程序头文件的默认存储路径为/usr/include 目录及其子目录，库文件默认存储路径为/lib 和/usr/lib 目录及其子目录。

习　题

1. Linux 系统内核空间主要由_____、_____、_____、_____和_____等五个子系统构成。

2. Linux 系统常见的发行版有_____、_____、_____、_____等。

3. Linux 系统 C 标准头文件存储路径为_____，库文件存储路径为_____和_____。

4. 简述 Linux 系统的基本概念。

5. 简述 Linux 系统调用和库函数的联系与区别。

第 2 章　开发环境搭建

本章目标

- 掌握 CentOS 系统的安装
- 掌握 VIM 文本编辑器的使用
- 掌握 GCC 程序编译器的使用
- 掌握 GDB 程序调试器的使用
- 掌握 Makefile 自动化编译工具的使用
- 掌握 Qt 集成开发环境的搭建及使用
- 掌握 Eclipse 集成开发环境的搭建及使用

2.1　CentOS 操作系统

社区企业操作系统(Community Enterprise Operating System，CentOS)是 Linux 发行版之一，具有高度的稳定性。出于兼容性问题的考虑，本书选用 "CentOS 6.7 X86" 作为最基本的系统环境。

2.1.1　CentOS 系统定制安装

CentOS 系统的安装方式灵活多样，既可安装在虚拟机中，也可安装在物理机上。此外，系统安装介质又可分为 DVD 光盘、U 盘、网络等。本书摒弃系统安装类型及安装介质的差别，将重点集中于系统安装引导过程上，其详细步骤如下：

(1) 计算机中插入 CentOS 系统安装光盘并上电开机，光盘加载完毕后默认进入系统启动项选择界面，该页面中选择 "Install or upgrade an existing system" 以启动系统安装程序，如图 2-1 所示。

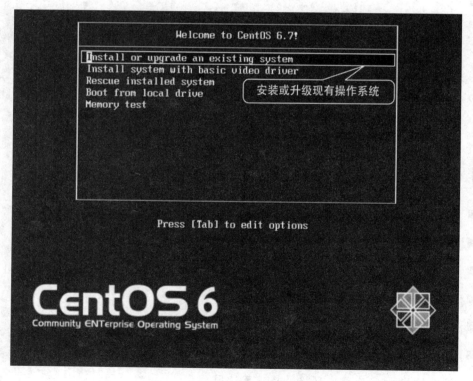

图 2-1　CentOS 启动项选择界面

(2) 光盘检测界面，将提示用户对系统光盘进行校验及测试，如图 2-2 所示，由于该 CentOS 操作系统映像文件是从官网下载所得，因此选择 "Skip" 跳过即可。

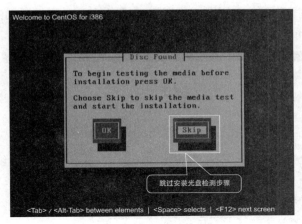

图 2-2　光盘检测界面

（3）系统安装提示界面，会显示 CentOS 标志及其商标，如图 2-3 所示，直接单击"Next"按钮即可。

图 2-3　系统安装提示页面

（4）安装语言选择界面，主要用于选择操作系统安装期间的提示性语言，这里保持默认"English(English)"即可，如图 2-4 所示，单击"Next"按钮。

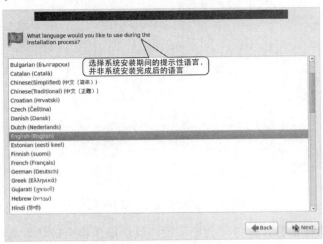

图 2-4　安装语言选择界面

(5) 键盘布局选择界面，主要用于设置系统键盘输入，鉴于后续的开发兼容性问题，保持默认的"U.S. English"即可，如图 2-5 所示，单击"Next"按钮。

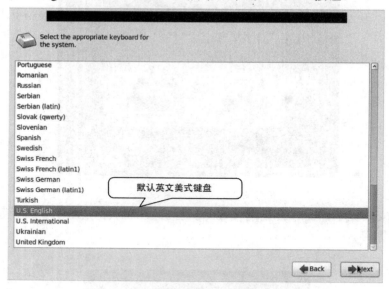

图 2-5　键盘布局选择界面

(6) 系统安装介质选择界面，使用默认的"Basic Storage Devices"以便使用本地硬盘安装，如图 2-6 所示，单击"Next"按钮。

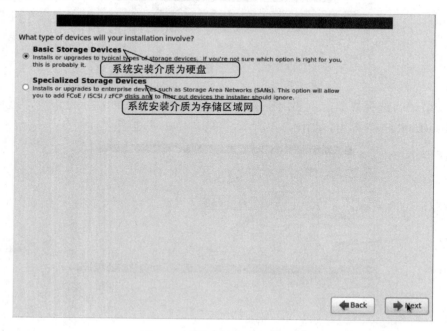

图 2-6　系统安装介质选择界面

(7) 弹出的存储设备警告窗口，会提示用户该步操作将会破坏硬盘数据(其实不会破坏硬盘数据)，如图 2-7 所示，单击"Yes，discard any data"按钮。

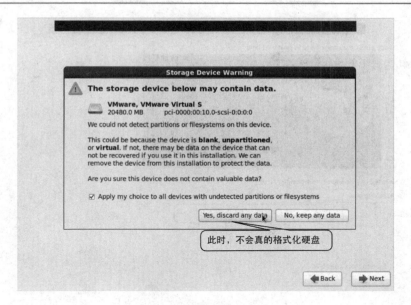

图 2-7　存储设备警告窗口

(8) 系统域名设置界面，设置计算机的域名为"instructor.example.com"，如图 2-8 所示，单击"Next"按钮。

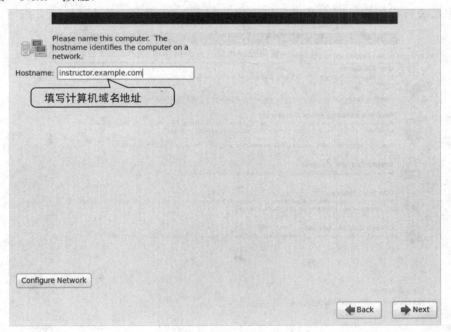

图 2-8　系统域名设置界面

(9) 系统所处城市选择界面，主要用于完成系统时区设置，这里选择"Asia/Shanghai"即可。该选项将设置操作系统的时区为北京时区，如图 2-9 所示，单击"Next"按钮。

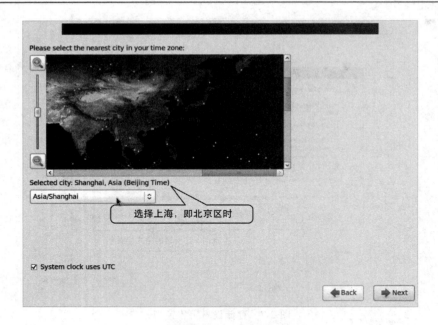

图 2-9　系统所处城市选择界面

(10) 硬盘分区类型选择界面，选择"Use All Space"即可。该选项将使用整块硬盘，并由操作系统自行创建分区表并进行格式化，如图 2-10 所示，单击"Next"按钮。

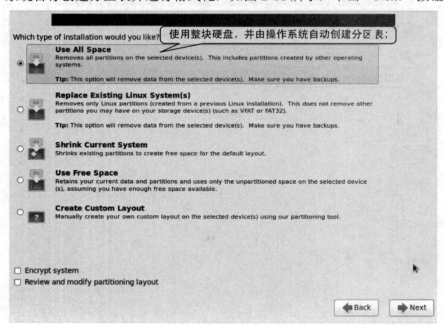

图 2-10　硬盘分区类型选择界面

(11) 弹出的硬盘配置写入页面，提示用户该步操作会破坏硬盘数据(真的会破坏硬盘数据)，如图 2-11 所示，单击"Write changes to disk"按钮。

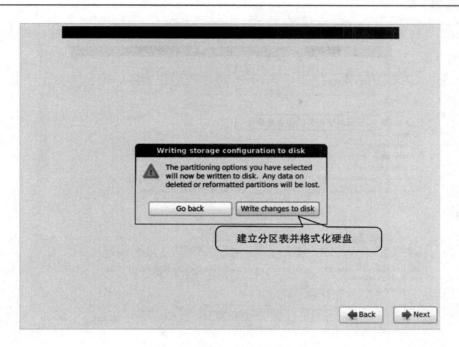

图 2-11　硬盘配置写入界面

　　(12) 管理员密码设置界面，填入管理员密码(Linux 系统管理员账户为 root)，如图 2-12 所示，完成后单击"Next"按钮。

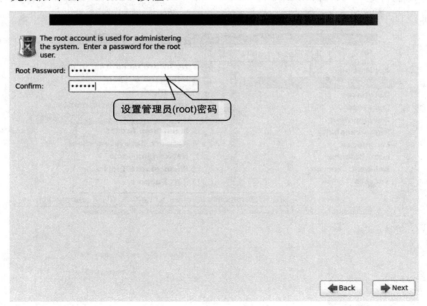

图 2-12　管理员密码设置界面

　　(13) 系统安装类型选择界面，首先选择"Desktop"以设置系统主环境为桌面图形环境，其次选中"Customize now"对系统安装软件进行略微调整，如图 2-13 所示，单击

"Next" 按钮。

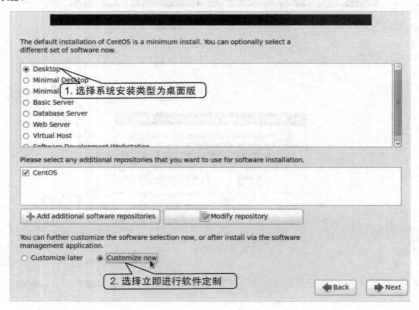

图 2-13　系统安装类型选择界面

（14）系统软件配置界面，首先在左侧列表中选择 "Base System"，然后在其右侧子选项列表中，分别勾选 "Compatibility libraries" 和 "Legacy UNIX Compatibility"，以提高程序开发的兼容性，如图 2-14 所示，单击 "Next" 按钮。

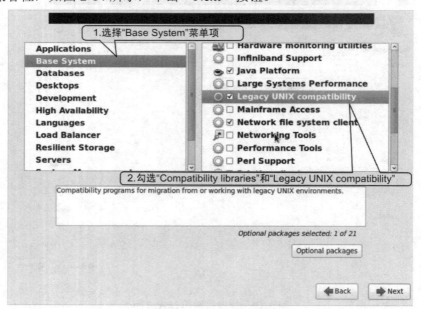

图 2-14　系统软件配置界面

（15）系统安装进度界面，将以进度条的形式提示用户系统安装进度，如图 2-15 所示。系统安装完成后页面会自动跳转，该页面无须做任何操作，等待系统安装完成即可。

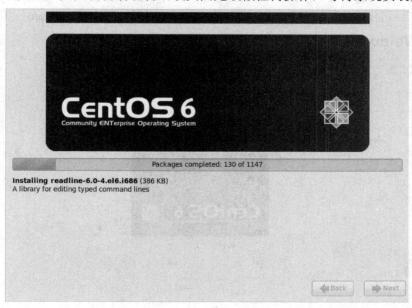

图 2-15 系统安装进度界面

(16) 系统安装成功提示界面，会提示用户系统安装成功的信息(如果失败，会提示失败原因)，如图 2-16 所示，单击"Reboot"按钮重启电脑即可。

图 2-16 系统安装成功提示界面

2.1.2 CentOS 首次登录配置

CentOS 安装完成重启后，会自动进入首次登录配置环境。该环境主要用于完成普通用户的建立、时间的设定以及防火墙的设定等，其详细步骤如下：

(1) 重启后会进入系统配置欢迎界面，如图 2-17 所示，单击"Forward"按钮。

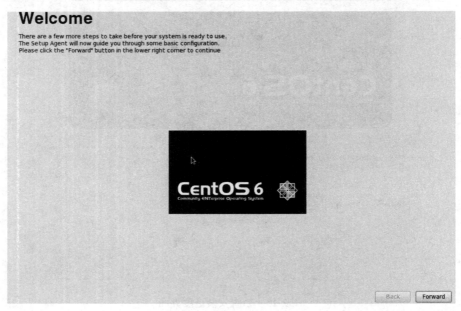

图 2-17　CentOS 6.7 系统配置欢迎界面

(2) 系统许可信息界面，将询问用户是否接受用户许可协议(GPL 协议)，选中"Yes, I agree to the License Argreement"以接受用户许可协议，如图 2-18 所示，单击"Forward"按钮。

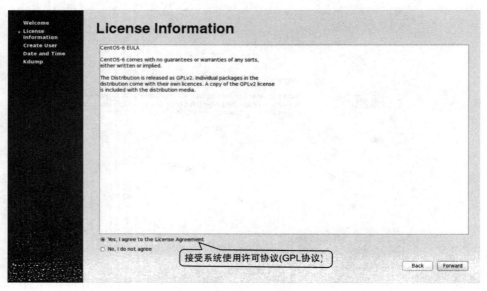

图 2-18　安装许可证界面

(3) 设置登录用户名和密码界面，如图 2-19 所示，输入一个不同于"root"的登录用户名，在这里输入的是 instructorsmb，然后输入登录密码，完成后单击"Forward"按钮。

图 2-19　设置登录用户名和密码界面

(4) 日期时间设置界面，调整系统时间(也可以与网络时间同步)，如图 2-20 所示，单击"Forward"按钮。

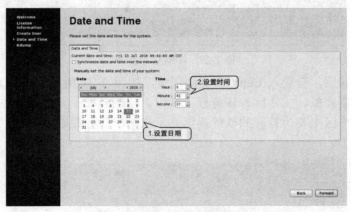

图 2-20　设置日期和时间界面

(5) Kdump 配置界面，取消"Enable kdump"选项的勾选，以关闭内核宕机日志服务，如图 2-21 所示，单击"Finish"完成 CentOS 的配置按钮。

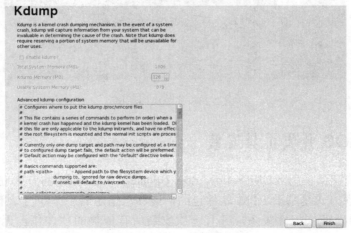

图 2-21　Kdump 配置界面

2.1.3　CentOS 桌面环境介绍

系统首次登录配置完成后，会进入用户登录界面，首先在用户列表中选择登录用户名(Full Name)，然后在密码提示框中输入用户密码，如图 2-22 所示，单击"Log in"按钮以登录系统。

图 2-22　系统登录界面

用户登录成功后，会进入 CentOS 桌面环境，如图 2-23 所示。CentOS 桌面环境大致分为三部分：控制面板、工作区、任务栏。其中，控制面板主要包括菜单、快速启动图标和通知区域；工作区主要为打开的软件提供显示空间；任务栏则主要由工作区选择器和回收站构成。

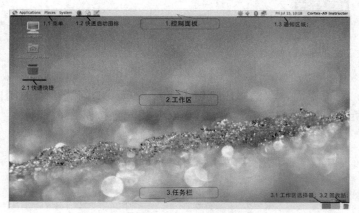

图 2-23　系统桌面环境

2.1.4　CentOS 开发工具安装

CentOS 系统默认采用 YUM(Yellow dog Updater，Modified)的方式进行软件包管理。YUM 软件包管理方式是基于 RPM 软件包的，能够从指定的服务器自动下载 RPM 包进行安装，可以自动处理依赖性关系，并且一次安装所有依赖的软件包，无须一次次地下载安装。

1. 安装 VIM

VIM 是 UNIX/Linux 系统的标准文本编辑器，一般情况下作为系统的必选工具自动进行安装，但也不排除某些系统不把 VIM 放入必选工具项，这便需要用户来安装，其方式如下：

```
[root@instructor ~]# yum list installed | grep vim ##查看系统中有无 VIM 存在
[root@instructor ~]# yum install vim   ##安装 VIM
Loaded plugins: fastestmirror, refresh-packagekit, security
Loading mirror speeds from cached hostfile
 * base: mirrors.aliyun.com          ##索引软件库
 * extras: mirror.bit.edu.cn         ##索引软件库
 * updates: mirror.bit.edu.cn        ##索引软件库
Setting up Install Process
Resolving Dependencies
--> Running transaction check          ##处理软件依赖问题
---> Package vim-enhanced.i686 2:7.4.629-5.el6 will be installed
---> Package vim-common.i686 2:7.4.629-5.el6 will be installed
---> Package vim-filesystem.i686 2:7.4.629-5.el6 will be installed
--> Finished Dependency Resolution


Dependencies Resolved               ##软件依赖解决方案


===========================================================================
Package          Arch         Version         Repository         Size
===========================================================================
Installing:
 vim-enhanced i686            2:7.4.629-5.el6   base            976 k
Installing for dependencies:
 vim-common      i686         2:7.4.629-5.el6   base            6.7 M
 vim-filesystem  i686      2:7.4.629-5.el6   base         15 k


Transaction Summary
===========================================================================
Install       3 Package(s)


Total download size: 7.7 M
Installed size: 23 M
Is this ok [y/N]: Y               ##输入 Y，开始安装；输入 N，取消安装
Downloading Packages:        ##下载进度
(1/3): vim-common-7.4.629-5.el6.i686.rpm           | 6.7 MB     00:06
(2/3): vim-enhanced-7.4.629-5.el6.i686.rpm         | 976 kB     00:00
```

```
(3/3): vim-filesystem-7.4.629-5.el6.i686.rpm        | 15 kB      00:00
-----------------------------------------------------------------------
Total
1.0 MB/s | 7.7 MB      00:07
Running rpm_check_debug
Running Transaction Test
Transaction Test Succeeded
Running Transaction              ##安装进度以及校验进度
  Installing : 2:vim-filesystem-7.4.629-5.el6.i686           1/3
  Installing : 2:vim-common-7.4.629-5.el6.i686                2/3
  Installing : 2:vim-enhanced-7.4.629-5.el6.i686             3/3
  Verifying : 2:vim-common-7.4.629-5.el6.i686                 1/3
  Verifying : 2:vim-enhanced-7.4.629-5.el6.i686              2/3
  Verifying : 2:vim-filesystem-7.4.629-5.el6.i686            3/3

Installed:                    ##安装结果提示-目标软件
  vim-enhanced.i686 2:7.4.629-5.el6

Dependency Installed:         ##安装结果提示-依赖软件
  vim-common.i686 2:7.4.629-5.el6
  vim-filesystem.i686 2:7.4.629-5.el6

Complete!                     ##安装结果提示-完成/成功

[root@instructor ~]# yum list installed | grep vim      ##查看系统中 VIM 是否存在
vim-common.i686          2:7.4.629-5.el6    @base
vim-enhanced.i686        2:7.4.629-5.el6    @base
vim-filesystem.i686      2:7.4.629-5.el6    @base
```

2. 安装 GCC

　　GNU 编译套件(GNU Compiler Collection，GCC)是由 GNU 开源组织开发的编译器套件，它是以 GPL 许可证所发行的自由软件，也是 GNU 计划的关键部分。GCC 发展之初只能处理 C 语言，随着 GNU 开源组织的不断完善，GCC 现已支持多种编程语言，例如 C++、Fortran、Passcal、Objective-C、Java、Ada、Go 以及各类处理器架构上的汇编语言等。由于本书侧重于 C 语言程序的开发，因此仅安装 GCC 的 C/C++ 语言编译器即可，安装方式如下：

```
[root@instructor ~]# yum -y install gcc      ##安装 GCC 编译套件-C 语言编译器
Loaded plugins: fastestmirror, refresh-packagekit, security
Loading mirror speeds from cached hostfile
 * base: mirrors.aliyun.com
```

```
 * extras: mirror.bit.edu.cn
 * updates: mirror.bit.edu.cn

... ... ##省略安装输出信息

Installed:
  gcc.i686 0:4.4.7-17.el6

Complete!
[root@instructor ~]# yum -y install gcc        ##安装 GCC 编译套件-C++语言编译器
Loaded plugins: fastestmirror, refresh-packagekit, security
Loading mirror speeds from cached hostfile
 * base: mirrors.aliyun.com
 * extras: mirror.bit.edu.cn
 * updates: mirror.bit.edu.cn

... ... ##省略安装输出信息

Installed:
  gcc-c++.i686 0:4.4.7-17.el6

Complete!
[root@instructor ~]# gcc -v                ##检测 GCC-C 语言编译器版本
Using built-in specs.
Target: i686-redhat-linux
Configured with: ../configure --prefix=/usr --mandir=/usr/share/man --infodir=/usr/share/info --with-
bugurl=http://bugzilla.redhat.com/bugzilla --enable-bootstrap --enable-shared --enable-threads=posix --enable-
checking=release --with-system-zlib --enable-__cxa_atexit --disable-libunwind-exceptions --enable-gnu-unique-
object --enable-languages=c,c++,objc,obj-c++,java,fortran,ada --enable-java-awt=gtk --disable-dssi --with-java-
home=/usr/lib/jvm/java-1.5.0-gcj-1.5.0.0/jre --enable-libgcj-multifile --enable-java-maintainer-mode --with-ecj-
jar=/usr/share/java/eclipse-ecj.jar --disable-libjava-multilib --with-ppl --with-cloog --with-tune=generic --with-
arch=i686 --build=i686-redhat-linux
Thread model: posix
gcc version 4.4.7 20120313 (Red Hat 4.4.7-17) (GCC)
[root@instructor ~]# g++ -v                ##检测 GCC-C++语言编译器版本
Using built-in specs.
Target: i686-redhat-linux
Configured with: ../configure --prefix=/usr --mandir=/usr/share/man --infodir=/usr/share/info --with-
bugurl=http://bugzilla.redhat.com/bugzilla --enable-bootstrap --enable-shared --enable-threads=posix --enable-
checking=release --with-system-zlib --enable-__cxa_atexit --disable-libunwind-exceptions --enable-gnu-unique-
```

object --enable-languages=c,c++,objc,obj-c++,java,fortran,ada --enable-java-awt=gtk --disable-dssi --with-java-home=/usr/lib/jvm/java-1.5.0-gcj-1.5.0.0/jre --enable-libgcj-multifile --enable-java-maintainer-mode --with-ecj-jar=/usr/share/java/eclipse-ecj.jar --disable-libjava-multilib --with-ppl --with-cloog --with-tune=generic --with-arch=i686 --build=i686-redhat-linux

Thread model: posix

gcc version 4.4.7 20120313 (Red Hat 4.4.7-17) (GCC)

3. 安装 GDB

GNU 项目调试器(GNU Project Debugger，GDB)是由 GNU 开源组织开发的调试器套件，它同样是以 GPL 许可证所发行的自由软件，安装方式如下：

```
[root@instructor ~]# yum -y install gdb #        #安装 GDB 调试器
Loaded plugins: fastestmirror, refresh-packagekit, security
Loading mirror speeds from cached hostfile
 * base: mirrors.aliyun.com
 * extras: mirror.bit.edu.cn
 * updates: mirror.bit.edu.cn

... ... ##省略安装输出信息

Updated:
  gdb.i686 0:7.2-90.el6

Complete!                        ##安装成功
[root@instructor ~]# gdb -v        ##检测 GDB 调试器版本
GNU gdb (GDB) Red Hat Enterprise Linux (7.2-90.el6)
Copyright (C) 2010 Free Software Foundation, Inc.
License GPLv3+: GNU GPL version 3 or later <http://gnu.org/licenses/gpl.html>
This is free software: you are free to change and redistribute it.
There is NO WARRANTY, to the extent permitted by law.   Type "show copying"
and "show warranty" for details.
This GDB was configured as "i686-redhat-linux-gnu".
For bug reporting instructions, please see:
<http://www.gnu.org/software/gdb/bugs/>.
```

2.2　VIM 文本编辑器

VIM 功能强大，不逊色于任何新的文本编辑器，可以执行输出、删除、查找等众多文本操作。而且，用户可以根据自己的需求进行定制，这是其他文本编辑器所不具备的。VIM 不是基于窗口的，可以用于任何类型的终端上编辑各式各样的文件。但缺点是命令繁多，不易掌握。

2.2.1 VIM 工作模式

VIM 有三种工作模式：命令模式(Command Mode)、插入模式(Insert Mode)和底行模式(Last Line Mode)。三种模式之间可以互相切换，如图 2-24 所示。

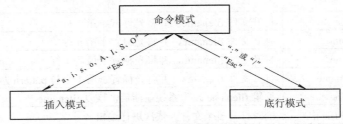

图 2-24 VIM 模式切换

1．命令模式

命令模式为 VIM 的初始模式，可以使用"上、下、左、右"和"j、k、h、l"按键来移动光标，使用"删除字符"和"删除整行"来处理文件，也可以使用"复制""粘贴"来处理文件数据(在插入模式和底行模式中，按"Esc"键可以切换成命令模式)。

2．插入模式

在命令模式中，按下"a、i、s、o、A、I、S、O"等任意一个字母，可以进入插入模式。按下上述字母时，会在终端窗口的左下方出现"INSERT"或"REPLACE"的字样，此时才可以进行文字、数据的输入。

3．底行模式

在命令模式中，按下"："或"/"就可以进入底行模式。底行模式下都光标位于终端窗口最底部的一行，此时可以执行查找、替换、读文件、保存文件以及退出 VIM 等操作。

2.2.2 VIM 操作流程

使用 VIM 编辑文件，其操作流程如下：

(1) 启动 VIM(命令常用选项如表 2-1 所示)，启动命令实例如下：

```
[instructor@instructor 2.2]$ vim
##此时创建一个未命名新文件


[instructor@instructor 2.2]$ vim filename
##若filename存在，编辑 filename 文件
##若filename不存在，则创建一个名为filename的文件并编辑
```

(2) VIM 启动后，默认进入命令模式，此时按下"a、i、s、o、A、I、S、O"等任意一个字母进入插入模式。

(3) 编辑文件，输入相应的文件内容。

(4) 编辑结束后，按下"Esc"键返回命令模式操作；若此时发现编辑有错误，仍可按下"a、i、s、o、A、I、S、O"等字母进入插入模式，重新编辑。

(5) 命令模式下，按下 ":" 键进入底行模式，此时可以输入 "w"(保存)、"q"(退出)、"wq"(保存退出)、"q!"(强制退出)、"h"(获取帮助)以及其他底行命令进行相关操作。若要再返回命令模式，按 "Esc" 键即可。

表 2-1　VIM 启动选项一览表

VIM 命令	作　用
vim filename	打开文件 filename，并将光标置于第 1 行
vim +n filename	打开文件 filename，并将光标置于第 n 行
vim + filename	打开文件 filename，并将光标置于最后 1 行
vi +/pattern filename	打开文件 filename，并将光标置于第 1 个与 pattern 匹配的字符串处
vim -r filename	编辑 filename 发生系统崩溃后，恢复 filename
vim file1 file2 ... file n	同时打开多个文件，依次进行编辑

2.2.3　VIM 常用命令

VIM 常用命令大致分为两类：命令模式命令和底行模式命令。其中命令模式命令又可细化为光标移动命令(见表 2-2)、屏幕滚动命令(见表 2-3)、文本行处理命令(见表 2-4)和复制剪切命令(见表 2-5)等。底行模式命令如表 2-6 所示。

表 2-2　光标移动命令一览表

按　键	功　能
h	光标向左移动一个字符
l	光标向右移动一个字符
j	光标向下移动一个字符
k	光标向上移动一个字符
Space	光标向后移动一个字符
BackSpace	光标向前移动一个字符
w/W	光标向右移动一个字至字首
b/B	光标向左移动一个字至字首
e/E	光标向右移动一个字至字尾
(	光标移动至句首
)	光标移动至句尾
{	光标移动至段首
}	光标移动至段尾
0	光标移动至行首
$	光标移动至行尾
gg	光标移动至文件第 1 行行首
G	光标移动至文件最后 1 行行首
ngg	光标移动至文件第 n 行行首
n+	光标向上移动 n 行至行首
n-	光标向上移动 n 行至行尾
H	光标移动至当前屏幕的第 1 行
M	光标移动至当前屏幕的中间行
L	光标移动至当前屏幕的最后 1 行

表 2-3　屏幕滚动命令一览表

按　键	功　能
Ctrl+u	向文件首翻半屏
Ctrl+d	向文件尾翻半屏
Ctrl+f	向文件首翻一屏
Ctrl+b	向文件尾翻一屏

表 2-4　文本行处理命令一览表

按　键	功　能
i	当前光标处插入
I	当前行行首插入
a	当前光标后插入
A	当前光标行尾插入
o	在当前行之下创建一个新行并插入
O	在当前行之上创建一个新行并插入
s	删除当前光标处的字符并从当前光标处插入
S	删除当前光标所在行并插入
r	替换当前字符
R	替换当前及其后面的字符，直至按 Esc 键后退出

表 2-5　复制剪切命令一览表

按　键	功　能
yy	复制当前行
nyy	复制当前 n 行
dd	剪切当前行
ndd	剪切当前 n 行
p	粘贴一次
np	粘贴 n 次
x/X	剪切当前光标位置的一个字符

表 2-6　底行模式命令一览表

按　键	功　能
/pattern	从光标处开始向文件尾搜索 pattern
?pattern	从光标处开始向文件首搜索 pattern
n	在同一方向上重复上次的搜索命令
N	在反方向上重复上次的搜索命令
:s/p1/p2/g	当前行中用 p2 替换 p1
:n1,n2 s/p1/p2/g	在 n1 行和 n2 行中用 p2 替换 p1
:g/s/p1/p2/g	在全文中用 p2 替换 p1
:w	保存
:q	退出
!	强制
:set nu	显示行号
:set nonu	取消行号显示

2.3 GCC 程序编译器

GCC-C 语言编译器(gcc)符合最新的 C 语言标准——ANSI C，可以在多种硬件平台上编译执行程序，与一般的编译器相比，其执行效率平均高出 20%～30%。GCC-C++ 语言编译器(g++)也可用于编译 C 程序，但实际上还是调用了底层的 GCC-C 语言编译器，只不过加上了一些命令行参数使它能够识别 C++ 源代码。

2.3.1 GCC 文件类型

通过 GCC 可以完成程序的预处理、编译、汇编和连接四个步骤，并最终生成可执行文件，这个可执行文件默认保存为"a.out"。GCC 可以识别多种类型的文件并依据用户指定的命令行参数对它们进行相应的处理。尽管 UNIX/Linux 系统不以文件的后缀名来区分文件的类型，但是 GCC 却需要依赖文件的后缀名推断其文件内容。GCC 可以识别的文件类型如表 2-7 所示。

表 2-7　GCC 常用文件类型一览表

文件后缀名	描　　述
.c	C 语言源代码文件
.a	静态连接库文件
.so	动态连接库文件
.cpp/.cc/.cxx	C++语言源代码文件
.h	程序所包含的头文件
.i	已经预处理过的 C 源代码文件
.ii	已经预处理过的 C++源代码文件
.m	Objective-C 语言源代码文件
.o	汇编之后的目标文件
.s	编译后的汇编语言文件

2.3.2 GCC 编译选项

GCC 有超过 100 个选项可供使用，一些常用选项如表 2-8 所示。

表 2-8　GCC 常用选项一览表

文件后缀名	描　　述
-ansi	强制使用 ANSI 标准
-E	预处理选项，生成预处理文件
-S	编译选项，生成汇编语言文件
-c	汇编选项，生成目标文件
-o	指定可执行文件名，而非缺省的 a.out
-g	加入 GDB 调试信息
-ggdb	尽可能多地加入 GDB 可以使用的调试信息
-l	连接库文件

续表

文件后缀名	描　　述
-m	根据给定的 CPU 类型优化代码
-M	生成与文件关联的信息
-O[级别]	根据给定的级别(0～3)进行优化，数值越大，优化程度越高
-pg	产生供剖析工具 gprof 使用的信息
-pipe	使用管道代替编译中的临时文件
-s	静态编译
-share	尽量使用动态连接库
-v	尽可能多地输出信息
-w	忽略警告信息
-W	产生比默认情况下更多的警告信息

　　GCC 可以不带选项，也可以带多个选项。使用 GCC 可以很明显地将程序的编译分为预处理、编译、汇编、连接四个阶段，并且在每个阶段产生不同类型的文件，编译步骤如下：

```
[root@instructor Example]# ls -l                        ##查看目录中的文件
total 4
-rw-r--r--. 1 root root 123 Aug 16 14:20 helloWorld.c
[root@instructor Example]# cat helloWorld.c             ##查看 C 源文件内容
#include <stdio.h>

#define SENTENCE "Hello,World!\n"

int main(int argc, char **argv)
{
        printf(SENTENCE);
        return 0;
}
[root@instructor Example]# gcc -E -o helloWorld.i helloWorld.c      ##预处理
[root@instructor Example]# gcc -S -o helloWorld.s helloWorld.i      ##编译
[root@instructor Example]# gcc -c -o helloWorld.o helloWorld.s      ##汇编
[root@instructor Example]# gcc -o helloWorld helloWorld.o           ##连接
[root@instructor Example]# ls -l                ##查看生成文件(注意文件权限和文件大小)
total 40
-rwxr-xr-x. 1 root root   4696 Aug 16 14:22 helloWorld
-rw-r--r--. 1 root root    123 Aug 16 14:20 helloWorld.c
-rw-r--r--. 1 root root  17245 Aug 16 14:21 helloWorld.i
-rw-r--r--. 1 root root    860 Aug 16 14:21 helloWorld.o
-rw-r--r--. 1 root root    352 Aug 16 14:21 helloWorld.s
[root@instructor Example]# ./helloWorld         ##运行可执行程序
```

Hello,World!

[root@instructor Example]# file *　　　　##查看文件类型

helloWorld:　　ELF 32-bit LSB executable, Intel 80386, version 1 (SYSV), dynamically linked (uses shared libs),

for GNU/Linux 2.6.18, not stripped

helloWorld.c: ASCII C program text

helloWorld.i: ASCII C program text

helloWorld.o: ELF 32-bit LSB relocatable, Intel 80386, version 1 (SYSV), not stripped

helloWorld.s: ASCII assembler program text

 [root@instructor Example] #tail -5 helloWorld.i

{

 printf("Hello,World!\n");

 return 0;

}

[root@instructor Example]# tail -5 helloWorld.i　　　　##查看预处理文件，注意宏替换

int main(int argc, char **argv)

{

　　　printf("Hello,World!\n");

　　　return 0;

}

[root@instructor Example]# tail -5 helloWorld.s　　　　##查看汇编文件

movl　　$0, %eax

leave

ret

.size　　main, .-main

.ident　　"GCC: (GNU) 4.4.7 20120313 (Red Hat 4.4.7-17)"

[root@instructor Example]# tail -5 helloWorld.o　　　　##查看二进制文件，乱码

ELF?4(

　　U???????$????????Hello,World!GCC: (GNU) 4.4.7 20120313 (Red Hat 4.4.7-

17).symtab.strtab.shstrtab.rel.text.data.bss.rodata.comment.n80].A??Q??ack4　L　　　　%PP0P

　　4??helloWorld.cmainputs

[root@instructor Example]# du helloWorld.o　 helloWorld　　　##比较连接后文件大小

4　　　　helloWorld.o

8　　　　helloWorld

2.4　GDB 程序调试器

　　GDB 作为 GNU 开源组织发布的 UNIX/Linux 平台下的程序调试器，是能够调试 C、C++、Objective-C 等多种语言编写的程序。尽管部分程序员喜欢图形界面方式的调试器（例如 VC、BCB 等），但如果工作在 UNIX/Linux 平台上，会发现 GDB 的功能更为强大。

2.4.1 GDB 调试命令

GDB 调试的目的是让调试者知道：程序在执行时内部发生了什么，或者运行过程中在做什么。一般来说，GDB 主要帮助实现以下四个方面的功能：

(1) 启动程序，可以按照程序员自定义的要求来运行。

(2) 让被调试的程序在设置的断点处停住，其中断点可以是条件表达式。

(3) 检查当程序被停住时所发生的事。

(4) 动态地改变程序的执行环境。

在命令行上输入命令 gdb 就可以启动 GDB，一旦启动完毕，就可以接受用户从键盘输入的命令并完成相应的任务。若想退出 GDB，只需在其工作环境中输入命令 quit 即可。命令 gdb 的使用语法如下所示：

gdb [选项] [可执行程序 [core 文件 | 进程 ID]]

命令 gdb 的参数一般为待调试运行的程序，也可以为程序运行错误时产生的 Core 文件，或者正在运行的进程 ID。GDB 常用的选项如表 2-9 所示。

表 2-9 GDB 常用选项一览表

选 项	描 述
-c core	使用指定 core 文件检查程序
-h	给出帮助选项的简单说明
-n	忽略~/.gdbinit 文件中指定的命令
-q	不显示版权等信息
-s	使用保存在指定文件中的符号表

使用 GDB 之前，必须在程序中加入调试信息，即使用 GCC 编译时必须使用选项-g。这样，GDB 才能够调试所使用的变量、代码和函数等。GDB 常用命令如表 2-10 所示。

表 2-10 GDB 常用命令一览表

命 令	描 述
break NUM	在指定的行上设置断点
bt	显示所有的调试栈帧，该命令可用来显示函数的调用顺序
clear	删除设置在特定文件、特定行上的断点
continue	继续执行正在调试的程序，用于处理由信号或断点导致的程序停止
display EXPR	每次程序停止后显示表达式的值
file FILE	装在指定的可执行文件中进行调试
help name	显示指定命令的帮助信息
info break	显示当前断点清单，包括到达断点处的次数等
info files	显示被调试文件的详细信息
info func	显示所有函数的名称
info local	显示函数中的局部变量信息
info prog	显示被调试程序的执行状态

续表

命　令	描　　述
info var	显示所有的全局和静态变量名称
kill	终止正在调试的程序
list	显示程序源代码
make	在不退出 GDB 的情况下，运行 make 工具
next	在不执行进入其他函数的情况下，向前执行一行源代码
print EXPR	显示表达式 EXPR 的值

2.4.2　GDB 调试步骤

　　无论使用何种程序调试，调试的基本思想依然是"分析现象→假设错误原因→产生新的现象去验证假设"这样一个循环。根据现象如何假设错误原因，以及如何设计新的现象去验证假设，这都需要非常严密的分析和思考，如果因有了强大的调试工具而忽略分析过程，往往只会治标不治本，导致一个错误现象消失后 Bug 依然存在，甚至程序越改越错。对于 GDB 而言，使用方法灵活多样，本书仅以一个有错误的 C 源程序"hasbug.c"为例进行简单讲解，程序代码如下：

```
#include <stdio.h>
#include <stdlib.h>
static char buf[256];
static char* string;
int main()
{
    printf("Please input a string: ");
    gets(string);
    printf("Your string is: %s\n", string);
    return 0;
}
```

　　上述程序代码十分简单，程序主要目的是接受用户输入，然后将用户的输入打印出来。该程序使用了一个未经初始化的字符串地址 string，因此编译并运行之后，将出现"segmentation fault"错误如下：

```
[root@instructor Example]# gcc -g -o hasbug hasbug.c
[root@instructor Example]#./hasbug
Please input a string: Linux
Segmentation fault(core dumped)
```

　　利用 GDB 查找该程序中出现的错误，应遵循如下的步骤：

　　(1) 执行命令"gdb hasbug"，装载可执行程序文件。

　　(2) 使用命令 run 运行程序。

(3) 使用命令 where 查看程序出错的地方。

(4) 使用命令 list 查看调用函数 gets()附近的代码。

(5) 判定出错原因为变量 string，用命令 print 查看变量 string 的值。

(6) 猜测变量 string 取一个合法的指针是否可以，为此在第 11 行设置断点。

(7) 重新运行程序到第 11 行停止，这时可以用命令 set 修改变量 string 的取值。

(8) 继续运行，将看到程序运行的正确结果。

2.5　Make 工程管理器

Make 工程管理器可以同时管理一个项目中多个文件的编译链接和生成。Make 其实是个"自动编译管理器"，"自动"是指它能够根据文件时间去自动发现更新过的文件而减少编译的工作量。

2.5.1　Make 工具使用

Make 是通过 Makefile 文件中的内容自动执行大量的编译工作的，而用户只需要编辑一些简单的语句，这极大地提高了实际项目的工作效率，几乎所有 Linux 下的项目都使用它。

Makefile 文件需要按照某种语法进行编写，文件中需要说明如何编译各个源文件并链接生成可执行文件，并要求定义源文件之间的依赖关系。当项目中的源文件达到一定规模时，编写 Makefile 文件是比较吃力的，所以在实际工程项目中，常使用 autotools 系列工具来自动生成 Makefile 文件。

使用 Make 编译工程时需要使用命令 make，命令 make 的使用语法规则如下：

make [选项] [目标]

如果省略选项和目标，则 Make 会寻找当前目录下的 Makefile 文件，解释执行其中的规则。其中，目标为 Makefile 文件中的规则中的目标文件。Make 常用的选项如下：

✧　-f，告诉 Make 使用指定的文件作为 Makefile 文件。

✧　-d，显示调试信息。

✧　-n，测试模式，并不真正执行任何命令。

✧　-s，安静模式，不输出任何信息。

2.5.2　Makefile 语法规则

Makefile 文件由注释和一系列的规则组成，规则遵循如下命令格式：

<目标文件列表>:[依赖文件列表]

[<Tab>命令列表]

其中，目标文件列表是 Make 最终需要创建的文件，由一系列文件名组成，文件之间要用空格隔开；依赖文件列表同样由一系列文件名组成，文件之间要用空格隔开，是生成目标文件所依赖的一个或多个其他文件；命令列表必须以前导 TAB 键开始，内容为 Shell 命

令，用于从依赖文件到目标文件的实现过程。以单文件 helloWorld.c 程序为例，其 Makefile 文件的代码如下：

```
helloWrold:helloWrold.c
     gcc –o helloWrold helloWrold.c
```

上述 Makefile 文件中，helloWorld 是目标文件，helloWorld.c 是依赖文件，命令"gcc –o helloWorld helloWorld.c"是依赖文件生成目标文件的过程。

Makefile 文件可以由不止一个规则组成，为了更进一步将程序的编译和连接区分开，可以将单文件 helloWorld.c 程序的编译细化，具体实现在 Makefile 中，则有如下代码：

```
helloWorld:helloWorld.o
     gcc –o helloWorld helloWorld.o
helloWorld.o:helloWorld.c
     gcc –o helloWorld.o helloWorld.c
```

上述 Makefile 文件由两条规则构成：第一条规则中，helloWorld 是目标文件，helloWorld.o 是依赖文件，命令"gcc –o helloWorld helloWorld.o"是生成目标 helloWorld 所要执行的命令；第二条规则中，helloWorld.o 是目标文件，helloWorld.c 是依赖文件，"gcc –o helloWorld.o helloWorld.c"是生成目标 helloWorld 所要执行的命令。

按照上述 Makefile 文件的规则进行自动化编译，执行第一条规则时，由于目标 helloWorld 所依赖的 helloWorld.o 不存在，Make 将寻找可以生成目标 helloWorld.o 的规则，因此继续往下解释执行后面的规则；由于第二条规则中的依赖文件 helloWorld.c 存在，因此 Make 工具解释执行此规则，而后 Make 会再次回来解释执行第一条规则，最终生成目标 helloWorld。

2.6 Linux C 集成开发环境

尽管代码质量的好坏与开发环境无关，但是一款优秀的开发环境却能够大大提高编程速度。对于 C 语言开发而言，UNIX/Linux 系统中比较优秀的 IDE 开发环境有：Qt、Eclipse、Code Blocks、Geany、MonoDevelop 等。本节我们主要介绍常用的两种开发环境：Qt 和 Eclipse。

2.6.1 Qt 集成开发环境

Qt 是 1991 年由 Trolltech 公司开发的一款跨平台的 C++图形用户界面应用程序框架，它提供给开发者建立艺术级的图形用户界面所需的所有功能。Qt 既可以开发 GUI 程序，也可用于开发非 GUI 程序，比如控制台工具和服务器。本书不涉及 Qt 功能强大的类库，重点放在集成开发环境的安装使用上，其详细安装使用步骤如下：

(1) 登录网站"https://www.qt.io"，下载相应的 Qt 版本，这里选择 Qt 最高版本 5.5，结合本机所安装的 CentOS 系统版本 x86，因此所要下载的 Qt 版本为"qt-opensource-linux-x86-5.5.0.run"，如图 2-25 所示。

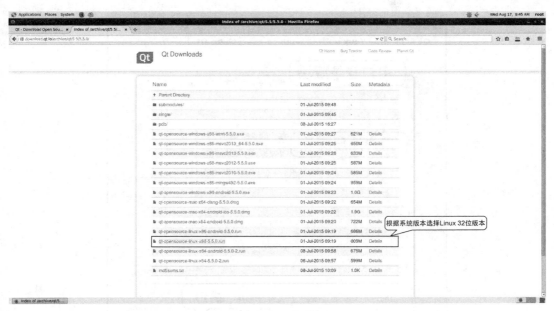

图 2-25　Qt 官网版本选择

（2）下载完成后，双击"qt-opensource-linux-x86-5.5.0.run"以启动 Qt 安装程序，在"Welcome to the Qt installer"界面中单击"Next" 按钮，如图 2-26 所示。

图 2-26　Qt 欢迎安装界面

（3）在"Qt Account"界面中，用户有三种选择：第一，可以在用户登录版块输入 Qt 账号和密码登录；第二，没有 Qt 账号的用户可以在用户注册版块进行账号注册并登录；第三，对于不想登录的用户可以直接单击"Skip"按钮以跳过用户身份验证，如图 2-27 所示。

图 2-27　Qt 用户登录注册界面

　　(4) 在"Setup - Qt 5.5.0"界面中，不需要做任何操作，直接单击"Next"按钮即可，如图 2-28 所示。

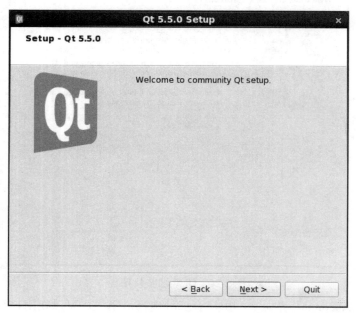

图 2-28　Qt 引导页面

　　(5) 在"Installation Folder"界面中，填入或选择 Qt 的安装路径，这里将 Qt 的安装路径设置为"/opt/Qt/5.5.0"，然后单击"Next"按钮，如图 2-29 所示。

图 2-29　Qt 安装路径设置界面

（6）在"Select Components"界面中，选中全部 Qt 安装组件以方便后续的开发，然后单击"Next"按钮，如图 2-30 所示。

图 2-30　Qt 安装组件配置界面

（7）在"License Agreement"界面中，选中接受软件许可协议，然后单击"Next"按钮，如图 2-31 所示。

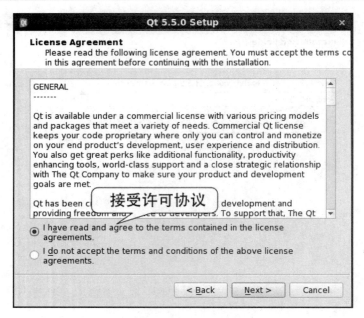

图 2-31　Qt 用户许可协议界面

(8) 在"Ready to Install"界面中，单击"Install"按钮以完成 Qt 的安装，如图 2-32 所示。

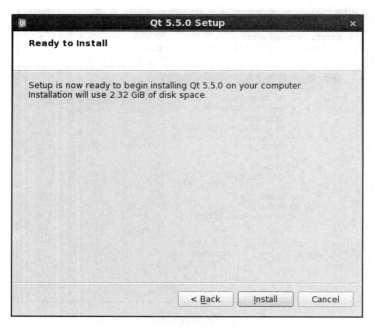

图 2-32　Qt 配置完成准备安装界面

(9) 在"Installing Qt 5.5.0"界面中，系统以进度条的形式给出 Qt 的安装进度，安装过程大约 3 分钟，耐心等待即可，如图 2-33 所示。

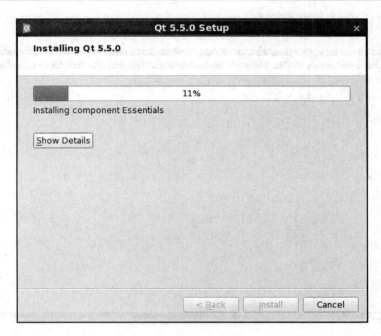

图 2-33 Qt 安装进度提示界面

(10) 安装完成后，会进入"Completing the Qt 5.5.0 Wizard"界面，并给出 Qt 安装成功的提示信息，单击"Finish"按钮即可，如图 2-34 所示。

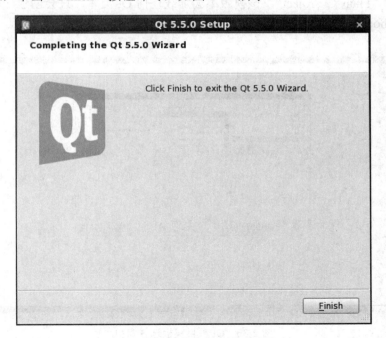

图 2-34 Qt 安装完成提示界面

(11) 依次单击 CentOS 系统菜单项 " Applications → Programming → Qt Creator (Community)"按钮，以启动 Qt 开发环境。Qt Creator 启动后，单击"New Project"以创

建一个新的项目，如图 2-35 所示。

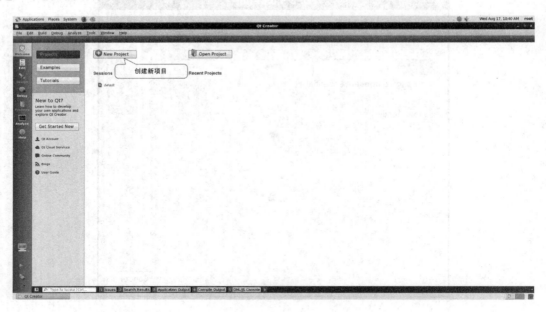

图 2-35　Qt 启动界面

（12）在"Choose a template"窗口中，选择一个项目模版，这里选择"Non－Qt Project"下的"Plain C Project"，该模版不会加载任何 Qt 类库，只会创建一个命令行的程序，单击"Choose"按钮，如图 2-36 所示。

图 2-36　Qt 项目模板选择窗口

（13）在"Introduction and Project Location"窗口中，填入该项目的项目名称和存储路径，单击"Next"按钮，如图 2-37 所示。

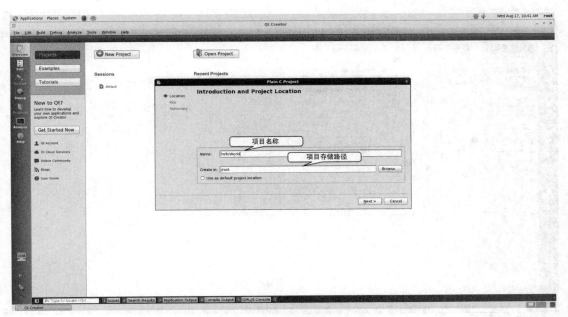

图 2-37 Qt 项目名称和存储路径配置窗口

(14) 在"Kit Selection"窗口中，保持默认的"Desktop Qt 5.5.0 GCC 32bit"开发套件即可，单击"Next"按钮，如图 2-38 所示。

图 2-38 Qt 编译套件选择窗口

(15) 在"Project Management"窗口中，会列出项目的组成文件清单，单击"Finish"按钮以完成项目的创建，如图 2-39 所示。

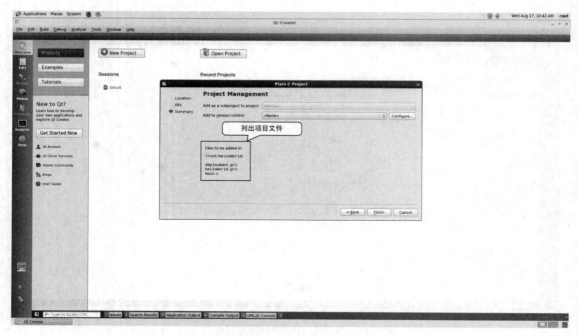

图 2-39　Qt 项目清单窗口

（16）项目创建完成后，会有一个简单的 C 程序示例代码，如图 2-40 所示。

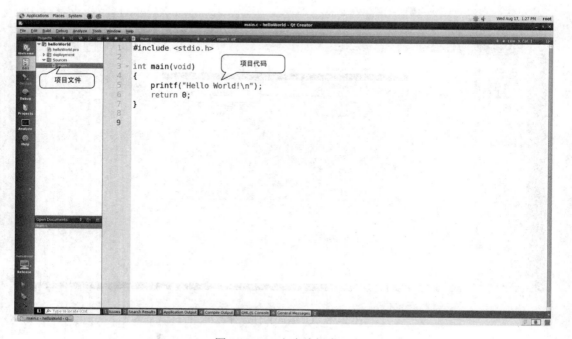

图 2-40　Qt 文本编辑窗口

（17）单击左侧常用按钮栏的运行按钮，以完成当前程序的编译和运行，如图 2-41 所示。

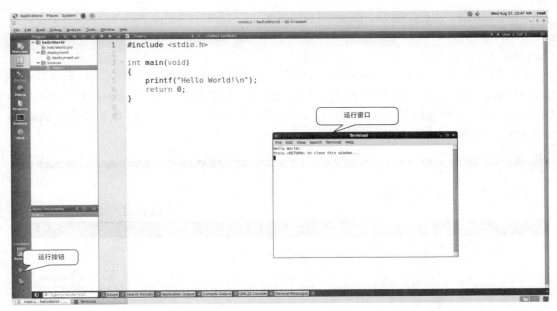

图 2-41　Qt 程序编译运行窗口

2.6.2　Eclipse 集成开发环境

Eclipse 是一个开源的、基于 Java 的可扩展开发平台。就其本身而言，它只是一个框架和一组服务，用于通过插件组件构建开发环境。尽管 Eclipse 是使用 Java 开发的，但它的用途并不限于 Java 开发。由于大量插件的引入，Eclipse 还支持诸如 C/C++、COBOL、PHP 等编程语言的开发，其详细安装使用步骤如下：

(1) 由于 Eclipse 是由 Java 开发的，所以首先必须安装 Java 运行时的环境，其安装命令如下：

```
[root@instructor Eclipse]# yum -y install java-1.8.0-openjdk
Loaded plugins: fastestmirror, refresh-packagekit, security
Setting up Install Process
Loading mirror speeds from cached hostfile
 * base: mirrors.aliyun.com
 * extras: mirrors.aliyun.com
 * updates: mirrors.tuna.tsinghua.edu.cn


... ...


Installed:
  java-1.8.0-openjdk.i686 1:1.8.0.101-3.b13.el6_8

Dependency Installed:
```

java-1.8.0-openjdk-headless.i686 1:1.8.0.101-3.b13.el6_8

Complete!

（2）登录网站"https://www.eclipse.org"，下载相应的 Eclipse 版本。由于本书使用 Eclipse 的主要用途是开发 C 语言程序，因此 Eclipse 的选择类型为"Eclipse IDE for C/C++ Developers"，又考虑到本机所安装的 CentOS 系统版本为 x86，因此所要下载的 Eclipse 版本为"Linux 32-bit"，如图 2-42 所示。

图 2-42　Eclipse 官网版本选择

（3）下载到本地的 Eclipse 为压缩包，将其解压到"/opt/Eclipse"目录下，然后双击 "eclipse"文件即可启动 Eclipse，如图 2-43 所示。

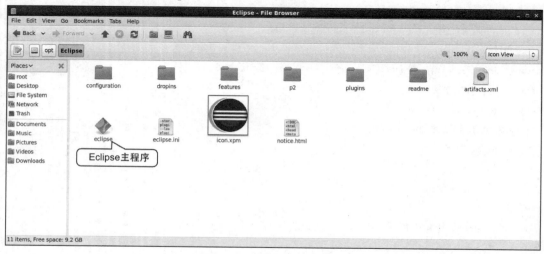

图 2-43　Eclipse 解压文件

（4）依次单击 Eclipse 菜单栏下的"File→New→C Project"按钮以启动 C 项目创建引导窗口，如图 2-44 所示。

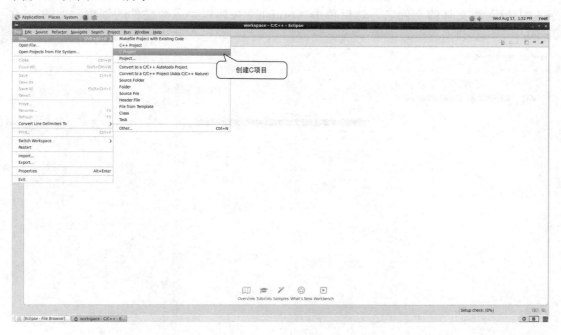

图 2-44 Eclipse 创建 C 项目

（5）在弹出的"C Project"窗口中，填入项目名称，同时将编译工具链选择为"Linux GCC"，然后单击"Finish"按钮完成即可，如图 2-45 所示。

图 2-45 Eclipse 配置 C 项目

(6) 项目创建完成后源文件为空，选中项目文件，依次单击 Eclipse 菜单栏下的"File →New→Source File"按钮以启动 C 源文件创建引导窗口；在弹出的"New Source File"窗口中填入源文件的文件名，然后单击"Finish"按钮以完成源文件的创建，如图 2-46 所示。

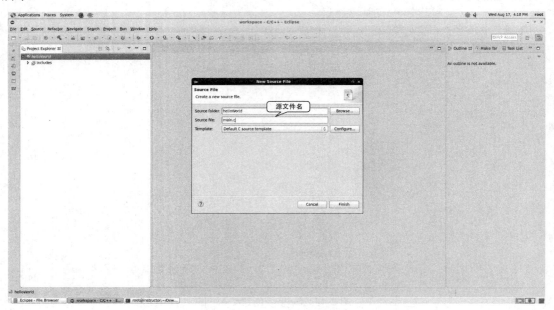

图 2-46　Eclipse 创建源文件

(7) 双击源文件打开其右侧的文本编辑区，编写相应的代码，然后保存，如图 2-47 所示。

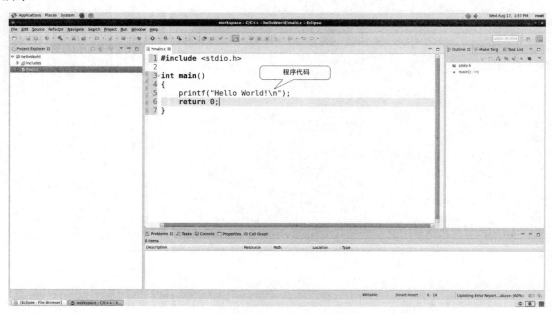

图 2-47　Eclipse 代码编辑

(8) 单击工具栏上的运行按钮，以完成当前程序的编译和运行，如图 2-48 所示。

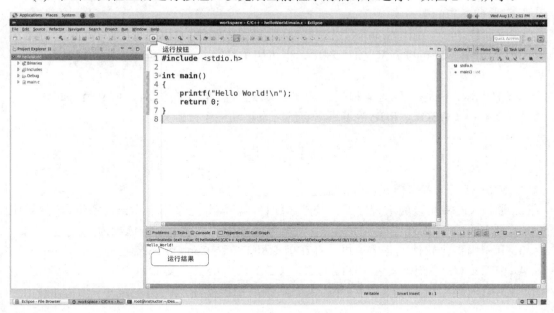

图 2-48　Eclipse 编译运行

小　结

通过本章的学习，读者应该了解：

◇ 社区企业操作系统(Community Enterprise Operating System，CentOS)是 Linux 发行版之一，具有高度的稳定性。

◇ 系统软件配置时，应将"Compatibility libraries"和"Legacy UNIX Compatibility"设置为系统默认的安装，以提高程序开发的兼容性。

◇ VIM 有三种工作模式：命令模式(Command Mode)、插入模式(Insert Mode)和底行模式(Last Line Mode)。并且这三种模式之间可以互相切换。

◇ GCC-C 语言编译器(gcc)符合最新的 C 语言标准——ANSI C，可以在多种硬件平台上编译执行程序，其执行效率与一般的编译器相比平均高出 20%～30%。

◇ 使用 GCC 可以很明显地将程序的编译分为预处理、编译、汇编、连接四个阶段，并且可在每个阶段产生不同类型的文件。

◇ 作为 GNU 开源组织发布的 UNIX/Linux 平台下的程序调试器，GDB 能够调试 C、C++、Objective-C 等多种语言编写的程序。GDB 调试的目的是让调试者知道：程序在执行时内部发生了什么，或者运行过程中在做什么。

◇ Make 工程管理器可以同时管理一个项目中多个文件的编译链接和生成，Make 其实是个"自动编译管理器"，"自动"是指它能够根据文件时间去自动发现更新过的文件而减少编译的工作量。

◇ Makefile 文件由注释和一系列的规则(规则由目标、依赖和命令构成)组成，文件中需要说明如何编译各个源文件并链接生成可执行文件，并要求定义源文件之间的依赖关系。

◇ Qt 是 1991 年由 Trolltech 公司开发的一款跨平台的 C++图形用户界面应用程序框架，既可以开发 GUI 程序，也可用于开发非 GUI 程序，比如控制台工具和服务器。

◇ Eclipse 只是一个框架和一组服务，通过各种插件的引入，可支持 Java、C/C++ COBOL、PHP 等编程语言的开发，功能十分强大。

习　题

1. VIM 有三种工作模式，分别是＿＿＿＿、＿＿＿＿和＿＿＿＿。

2. 通过 GCC 可以完成程序的预处理、编译、汇编和连接四个步骤，各步骤需要使用的 GCC 选项如下：预处理选项为＿＿＿＿，编译选项为＿＿＿＿，汇编选项为＿＿＿＿。

3. 利用虚拟化软件创建虚拟机，并在虚拟机中安装 CentOS 系统。

4. 在 CentOS 系统中安装 VIM、GCC、GDB 等 C 语言开发工具。

第 3 章　文件编程

本章目标

- 了解 Linux 系统文件 IO 和标准 IO 的基本概念
- 掌握 Linux 系统文件 IO 的常用操作
- 掌握 Linux 系统标准 IO 的常用操作
- 掌握 Linux 系统文件属性的常用操作
- 了解 Linux 系统目录文件的常用操作
- 掌握 Linux 系统硬链接和软链接的使用
- 掌握 Linux 系统临时文件的使用方法

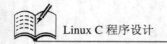

3.1　Linux 文件系统概述

计算机有两个重要的概念——时间和空间。计算机将时间概念抽象为进程，将空间概念抽象为文件。作为一个安全的操作系统，Linux 是以文件为基础设计的。Linux 的文件管理系统主要用于管理文件存储空间的分配、文件访问权限的维护以及对文件的各种操作。用户可以使用命令对文件进行操作，但在功能上会受到一定限制。程序员则可以通过文件 IO 或标准 IO 方式对文件进行更为灵活的操作。

3.1.1　文件管理系统

在大多数应用中，文件是一个核心成分。除了实时应用和一些特殊的应用外，应用程序的输入都是通过文件来实现的。实际上，所有应用程序的输出都保存在文件中，这便于信息的长期存储，也便于用户将来通过应用程序访问信息。

数据或者文件归根到底是存储在物理磁盘上的，操作系统通过文件系统可以方便地管理磁盘上的文件。Linux 的文件系统模型如图 3-1 所示。

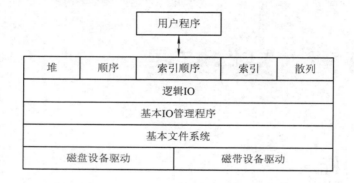

图 3-1　Linux 文件系统模型

对物理磁盘的访问都是通过设备驱动程序来进行的，而对设备驱动的访问则有两种途径：一种是通过设备驱动本身提供的接口；另一种是通过虚拟文件系统(Virtual File System，VFS)提供给上层应用程序的接口。第一种方式能够让用户进程绕过文件系统直接读写磁盘上的内容，但这个操作会带来极大的不稳定性，因此大部分操作系统包括 Linux 都是使用虚拟文件系统来访问设备驱动的。只有在特殊情况下，才允许用户进程通过设备驱动接口直接访问物理磁盘。

VFS 是虚拟的、不存在的，它和前面提到的 proc 文件系统一样，都是只存在于内存而不存在于磁盘之中的，即只有在系统运行以后才存在。VFS 提供的这一种机制可将各种不同的文件系统整合在一起，并提供统一的 API 接口供上层的应用程序使用。VFS 的使用体现了 Linux 文件系统最大的特点——支持多种不同的文件系统，如 XFS、EXT4、EXT3、EXT2、NTFS、VFAT 等。

从硬盘的构造可知，每次对物理磁盘访问的最小单位是一个盘面上的一个磁道上的一个扇区，即用户只需要访问一个字节的数据，实际读写时也都是先把该字节所在的扇区读入到内存，然后再进行访问。正因为如此，文件系统是由一系列块(block)构成的，每个块的大小因不同的文件系统而不同，但是一个文件系统一旦安装，块的大小就固定了。通常一个块的大小就是一个扇区的大小，而一个扇区通常是 512 个字节。

3.1.2　文件 IO 和标准 IO

文件 IO 又被称为不带缓冲的 IO。"不带缓冲"指的是每个读写操作都调用系统内核的一个系统调用，也就是所说的低级 IO。操作系统提供的基本 IO 服务都与 Linux 内核绑定，特定服务于 Linux / UNIX 平台。

标准 IO 是 ANSI C 建立的一个标准 IO 模型，定义在标准函数头文件中，具有一定的可移植性。标准 IO 库处理了很多细节，例如缓存分配和以优化长度执行 IO 等。

文件 IO 和标准 IO 都能实现对文件的操作，但两者具有显著的区别：

(1) 标准 IO 默认采用缓冲机制(比如函数 fopen())，打开文件的同时，在内存中建立一个缓冲区(读写模式下将建立两个缓冲区)，此外还创建了一个包含文件和缓冲区相关数据的数据结构；而文件 IO 一般不会建立缓冲区，需要自己手动创建。不过在 Linux 或 UNIX 系统中，两者都会使用称为内核缓冲的技术来提高效率，读写调用是在内核缓冲区和进程缓冲区之间进行的数据复制。

(2) 从操作的设备上来区分，文件 IO 主要针对文件操作、读写硬盘等，其操作的对象主要是文件描述符；标准 IO 针对的是控制台，打印输出到屏幕等，其操作的是字符流。针对不同设备特性，必须用不同 API 访问才最高效。

3.1.3　文件描述符

对内核而言，所有打开的文件都得通过文件描述符引用。文件描述符本质上是一个非负整数。当打开一个现有文件或创建一个新文件时，内核向进程返回一个文件描述符，该文件描述符用于对文件进行读写操作。

按照各种 Shell 及应用程序的使用惯例，通常将文件描述符 0 与进程标准输入相关联，将文件描述符 1 与标准输出相关联，将文件描述符 2 与标准错误相关联。在符合 POSIX.1 标准的应用程序中，数字 0、1、2 已经被标准化，但 Linux 建议使用符号常量 STDIN_FILENO、STDOUT_FILENO、STDERR_FILENO 进行替代，以提高程序的可读性，这些常量通常定义在头文件<unistd.h>中。

CentOS 6 中，默认允许单个进程打开的最大文件数为 1024 个，因此其文件描述符的变化范围是 0～1023。单个进程打开文件限制数查看方法如示例 3-1 所用方法。

【示例 3-1】　查看单个用户进程打开的最大文件数。

查看系统对用户的各种限制条件，可以使用命令 ulimit 进行获取。

```
[root@instructor ~]# ulimit  -a
core file size          (blocks, -c) 0
data seg size           (kbytes, -d) unlimited
```

```
scheduling priority           (-e) 0
file size           (blocks, -f) unlimited
pending signals               (-i) 3840
max locked memory       (kbytes, -l) 64
max memory size         (kbytes, -m) unlimited
open files                    (-n) 1024
pipe size         (512 bytes, -p) 8
POSIX message queues      (bytes, -q) 819200
real-time priority            (-r) 0
stack size              (kbytes, -s) 8192
cpu time                (seconds, -t) unlimited
max user processes            (-u) 3840
virtual memory          (kbytes, -v) unlimited
file locks                    (-x) unlimited
```

对该示例进行进一步的分析：

（1）默认情况下，单个用户进程所能打开的最大文件数是 1024 个。

（2）可以使用命令"ulimit -n number"，设置单个用户进程所能打开的最大文件数量为 number。

3.1.4 流和 FILE 对象

文件 IO 主要是针对文件描述符的，而标准 IO 的操作主要是围绕流进行的，当用标准 IO 打开或创建一个文件时，就使得一个流与对应的文件相结合。

当打开一个流时，标准 IO 函数 fopen()会返回一个 FILE 类型指针，该对象通常是一个结构，它包含了标准 IO 库为管理该流所需要的所有信息：用于物理 IO 的文件描述符，指向流缓存的指针，缓存指针长度，当前在缓存中的字符数、出错标识等。

```c
typedef struct _IO_FILE FILE;
struct _IO_FILE {
int _flags;          /* High-order word is _IO_MAGIC; rest is flags. */
#define _IO_file_flags _flags

/* The following pointers correspond to the C++ streambuf protocol. */
/* Note:  Tk uses the _IO_read_ptr and _IO_read_end fields directly. */
char* _IO_read_ptr;   /* Current read pointer */
char* _IO_read_end;   /* End of get area. */
char* _IO_read_base;  /* Start of putback+get area. */
char* _IO_write_base; /* Start of put area. */
char* _IO_write_ptr;  /* Current put pointer. */
char* _IO_write_end;  /* End of put area. */
char* _IO_buf_base;   /* Start of reserve area. */
```

```
char* _IO_buf_end;
/* The following fields are used to support backing up and undo. */
char *_IO_save_base; /* Pointer to start of non-current get area. */
char *_IO_backup_base;  /* Pointer to first valid character of backup area */
char *_IO_save_end; /* Pointer to end of non-current get area. */

struct _IO_marker *_markers;

struct _IO_FILE *_chain;

int _fileno;
#if 0
int _blksize;
#else
int _flags2;
#endif
_IO_off_t _old_offset; /* This used to be _offset but it's too small.  */

#define __HAVE_COLUMN /* temporary */
/* 1+column number of pbase(); 0 is unknown. */
unsigned short _cur_column;
signed char _vtable_offset;
char _shortbuf[1];

/*  char* _save_gptr;  char* _save_egptr; */

_IO_lock_t *_lock;
#ifdef _IO_USE_OLD_IO_FILE
};
```

默认情况下，每个进程都会自动打开三个流：标准输入、标准输出和标准错误。stdio.h 头文件将这三个标准 IO 流通过文件指针 stdin、stdout 和 stderr 加以引用，以供每个进程自由使用。

3.1.5 缓冲机制

基于流的操作最终都将会以系统调用的形式进行 IO 操作。为了提高程序的运行效率，流对象通常会提供缓冲区，以减少系统调用的次数。基于流的 IO 提供了以下三种缓冲机制。

1．全缓冲
全缓冲是指直到缓冲区被填满，才调用系统 IO 函数。对于读操作而言，直到读入的内容字节数等于缓冲区大小或者文件已经到达结尾，才进行实际的 IO 操作，将外存文件内容读入缓冲区；对于写操作而言，直到缓冲区被填满，才进行实际的 IO 操作，将缓冲区内容写到外存文件中。磁盘文件通常是全缓冲的。

2．行缓冲

行缓冲是指直到遇到换行符'\n'，才调用系统 IO 函数。对于读操作来说，遇到换行符'\n' 才进行 IO 操作，将所读内容读入缓冲区；对于写操作来说，遇到换行符 '\n' 才进行 IO 操作，将缓冲区内容写到外存中。由于缓冲区大小是有限制的，所以当缓冲区被填满时，即使没有遇到换行符，也同样会进行实际的 IO 操作。标准输入 stdin 和标准输出 stdout 默认的都是行缓冲。

3．无缓冲

无缓冲是指没有缓冲区，数据立即读入或者输出到外存文件或设备上。标准出错 stderr 是无缓冲的，这样保证错误提示和输出能够及时反馈给用户，供用户排除错误。

3.2　文件 IO

文件 IO 也称为系统调用 IO，是操作系统为"用户态"运行的进程和硬件交互提供的一组接口，即操作系统内核留给用户程序的一个接口。按照操作系统结构划分，Linux 系统自上而下依次是：用户进程、Linux 内核、物理硬件。其中 Linux 内核包括系统调用接口和内核子系统两部分。Linux 内核处于"承上启下"的关键位置，向下管理物理硬件，向上为操作系统服务和应用程序提供接口，这里的接口就是系统调用。

3.2.1　函数 open()

调用 open()函数可打开或创建一个文件，其函数原型如下：

```
#include <sys/types.h>
#include <sys/stat.h>
#include <fcntl.h>

int open(const char *pathname, int flags);
int open(const char *pathname, int flags, mode_t mode);
```

对于函数 open()而言，参数 pathname 标识要打开或创建文件的名称；参数 flags 标识要打开或创建文件的选项；参数 mode 仅在创建新文件时才会用到。

参数 flags 由多个选项构成，各个选项之间用"或"运算连接，其中可用于参数 flags 的选项有：

(1) O_RDONLY：只读方式打开。

(2) O_WRONLY：只写方式打开。

(3) O_RDWR：读写方式打开。

(4) O_EXEC：只打开，不能进行读写。

（5）O_SEARCH：只搜索打开，常用于目录。

（6）O_APPEND：每次写操作都追加到文件末尾。

（7）O_CLOEXEC：将 FD_CLOEXEC 常量设置为文件描述符标识。

（8）O_CREAT：若文件不存在，则创建文件。

（9）O_DIRECTORY：若参数 pathname 引用的文件不是目录类型，返回 –1。

（10）O_EXCL：与 O_CREAT 连用，若参数 pathname 引用的文件存在，则返回 –1。

（11）O_NOCTTY：若 pathname 引用的是终端设备，则不能将该设备分配作为此进程的控制终端。

（12）O_NOFOLLOW：如果 pathname 引用的是一个符号链接，则出错。

（13）O_NOBLOCK：如果 pathname 引用的是一个有名管道、块设备或字符设备，则设置 IO 操作方式为非阻塞。

（14）O_SYNC：使每次写操作等待物理 IO 操作完成，包括由写操作引起的文件属性更新。

（15）O_TRUNC：若 pathname 引用的文件存在，而且以只写或读写的方式打开，则将其长度截断为 0。

上述所列参数 flags 的选项中，1～3 这三个常量中必须指定且只能指定一个，4～15 这些常量则是可选的。

【示例 3-2】　使用函数 open()打开文件。

```
#include <stdio.h>
#include <stdlib.h>
#include <unistd.h>
#include <fcntl.h>
#include <sys/stat.h>
#include <sys/types.h>

int main(int argc,char *argv[])
{
    int fd = 0;

    if(argc!=2)
    {
            printf("Your Input Error!\n");
            exit(1);
    }

    fd = open(argv[1],O_RDONLY);

    if(fd<0)
    {
```

```
            perror("open()");
            exit(1);
    }
    else
    {
            printf("Open Successful!\n");
            printf("The File Descriptor Is %d\n",fd);
    }

    exit(0);
}
```

程序编译运行结果如下：

```
[instructor@instructor 3.2]$ gcc open.c -o open
[instructor@instructor 3.2]$ ./open
Your Input Error!
[instructor@instructor 3.2]$ ./open /etc/passwd
Open Successful!
The File Descriptor Is 3
[instructor@instructor 3.2]$ ./open /etc/shadow
open(): Permission denied
[instructor@instructor 3.2]$ ./open ./main
open(): No such file or directory
```

3.2.2 函数 close()

调用函数 close()可关闭一个打开的文件，其函数原型如下：

```
#include <unistd.h>

int close(int fd);
```

关闭已打开文件时会释放该进程加在该文件上的所有记录锁。当一个进程终止时，内核自动关闭其所有已打开的文件。很多程序都利用这一功能而不显式地用函数 close()关闭已打开的文件。

3.2.3 函数 read()

调用函数 read()可从打开的文件中读取数据，其函数原型如下：

```
#include <unistd.h>

ssize_t read(int fd, void *buf, size_t count);
```

如果读取成功，则返回读取到的字节数；如果已到达文件末尾，则返回 0；如果读取失败，则返回 –1。

实际读取到的字节数会少于要求指定读取的字节数的情况有以下几种：

◇ 读取普通文件时，在读到要求字节数之前已经到达文件末尾。

◇ 读取终端设备时，通常一次最多读取一行。

◇ 读取网络数据时，网络中的缓冲可能造成返回值小于要求读的字节数。

◇ 读取管道数据时，管道包含的字节数少于所需的数量。

◇ 读取面向记录的设备时，一次最多返回一个记录。

◇ 读取时信号中断，只能读取到部分数据。

读取操作从文件的当前偏移量处开始，在成功返回之前，该偏移量会增加实际读到的字节数。

【示例 3-3】 使用函数 read()读取文件内容。

```c
#include <stdio.h>
#include <stdlib.h>
#include <unistd.h>
#include <fcntl.h>
#include <string.h>
#include <sys/types.h>
#include <sys/stat.h>

#define BUFFERSIZE 1024

typedef int fid_t;

int main(int argc,char **argv)
{
    fid_t      fid = 0;
    char       *path = NULL;
    char        *buffer = NULL;

    if(argc<2)
    {
        printf("Don't Input Filename !\n");
        exit(1);
    }

    buffer = (char *)malloc(BUFFERSIZE*sizeof(char));
    memset(buffer,0,BUFFERSIZE);

    while(*++argv)
    {
```

```
            path = *argv;
            printf("File Name:%s\n",path);

            if((fid=open(path,O_RDONLY))==-1)
            {
                    perror("open():");
                    printf("\n");
                    continue;
            }

            while(read(fid,buffer,BUFFERSIZE)>0)
            {
                    printf("%s",buffer);
                    memset(buffer,0,BUFFERSIZE);
            }

            close(fid);
            printf("\n");
    }

    free(buffer);
    buffer = NULL;

    return 0;
}
```

程序编译运行结果如下：

```
[instructor@instructor 3.2]$ gcc read.c -o read
[instructor@instructor 3.2]$ ./read
Don't Input Filename !
[instructor@instructor 3.2]$ ./read /etc/passwd /etc/shadow
File Name:/etc/passwd
root:x:0:0:root:/root:/bin/bash
bin:x:1:1:bin:/bin:/sbin/nologin
daemon:x:2:2:daemon:/sbin:/sbin/nologin
……
instructor:x:1000:1000:Instructor User:/home/instructor:/bin/bash
student:x:1002:1002::/home/student:/bin/csh

File Name:/etc/shadow
open():: Permission denied
```

3.2.4　函数 write()

调用函数 write()可向已打开的文件中写入数据，其函数原型如下：

```
#include <unistd.h>


ssize_t write(int fd, const void *buf, size_t count);
```

函数 write()返回值通常与参数 nbytes 的值相同，否则表示出错。函数 write()出错的常见原因是磁盘已满，或者是超过了进程文件给定的长度限制。

对于普通文件，写操作是从文件的当前偏移量处开始的，如果在打开文件时，指定了 O_APPEND 选项，则在每次写操作之前，需要将文件偏移量设置在文件的当前结尾处。在一次写成功之后，该文件偏移量会增加实际写入的字节数。

【示例 3-4】　使用函数 read()和 write()实现简单文件的拷贝。

```c
#include <stdio.h>
#include <stdlib.h>
#include <unistd.h>
#include <fcntl.h>
#include <string.h>
#include <strings.h>
#include <sys/types.h>
#include <sys/stat.h>

#define BUFFERSIZE 1024

typedef int fid_t;

int main()
{
    fid_t fd1 = 0;
    fid_t fd2 = 0;
    int   readBytes = 0;
    char *buffer = NULL;

    buffer = (char *)malloc(BUFFERSIZE*sizeof(char));
    memset(buffer,0,BUFFERSIZE*sizeof(char));

    fd1 = open("/etc/passwd",O_RDONLY);
    if( fd1 < 0 )
    {
        perror("open(fd1)");
```

```
                exit(1);
        }

        fd2 = open("passwd.bak",O_RDWR|O_CREAT|O_EXCL,0644);
        if( fd2 < 0 )
        {
                perror("open(fd2)");
                exit(1);
        }

        while( ( readBytes=read(fd1,buffer,BUFFERSIZE) ) > 0 )
        {
                if(write(fd2,buffer,BUFFERSIZE)<0)
                {
                        perror("write(fd2)");
                        exit(1);
                }
                memset(buffer,0,BUFFERSIZE*sizeof(char));
        }

        if( readBytes < 0 )
        {
                perror("read(fd1)");
                exit(1);
        }
        close(fd1);
        close(fd2);
        exit(0);
}
```

程序编译运行结果如下：

```
[instructor@instructor 3.2]$ gcc write.c -o write
[instructor@instructor 3.2]$ ./write
[instructor@instructor 3.2]$ ls
open  open.c  passwd.bak  read  read.c  write  write.c
[instructor@instructor 3.2]$ cat passwd.bak
root:x:0:0:root:/root:/bin/bash
bin:x:1:1:bin:/bin:/sbin/nologin
daemon:x:2:2:daemon:/sbin:/sbin/nologin
adm:x:3:4:adm:/var/adm:/sbin/nologin
...
```

3.2.5　函数 lseek()

每个文件都有一个与之相关联的文件偏移量，用以度量文件起始位置到当前位置的字节数。通常情况下，读写操作都是从当前文件偏移量处开始的，读写完成后，文件偏移量会自动增加所读写的字节数。打开一个文件时，该文件偏移量默认设置为 0。

调用函数 lseek() 可显式地为打开的文件设置文件偏移量，其函数原型如下：

```
#include <sys/types.h>
#include <unistd.h>


off_t lseek(int fd, off_t offset, int whence);
```

函数 lseek() 仅将当前文件的文件偏移量记录在内核中，并不会引起任何 I/O 的操作，该文件偏移量用于下一次读写操作。

函数执行成功，返回文件当前的文件偏移量；函数执行失败，返回 −1。函数原型中，参数 offset 的设定与参数 whence 有关：

✧ 若 whence 是 SEEK_SET，则将该文件的文件偏移量设置为文件起始位置加 offset 个字节。

✧ 若 whence 是 SEEK_CUR，则将该文件的文件偏移量设置为文件当前位置加 offset 个字节。

✧ 若 whence 是 SEEK_END，则将该文件的文件偏移量设置为文件末尾位置加 offset 个字节。

文件偏移量可以大于文件的当前长度，在这种情况下，对该文件的下一次写入将会增加文件长度，并在文件中构成一个空洞，即位于文件中但没有写过的字节都被读为 0 的部分。

【示例 3-5】　空洞文件。

```
#include <stdio.h>
#include <stdlib.h>
#include <unistd.h>
#include <fcntl.h>
#include <string.h>
#include <strings.h>
#include <sys/types.h>
#include <sys/stat.h>


typedef int fid_t;


int main()
{
    fid_t fd = 0;
```

```
        fd = open("holeFile",O_WRONLY | O_CREAT,0644);

        if( fd < 0)

        {

                perror("open():");

                exit(1);

        }

        lseek(fd,128,SEEK_END);

        write(fd,"HelloWorld!\n",12);

        close(fd);

        return 0;

}
```

程序编译运行结果如下：

```
[instructor@instructor 3.2]$ cat holeFile

This is a test file!

[instructor@instructor 3.2]$ ls -l holeFile

-rw-rw-r--. 1 instructor instructor 21 11 月 20 10:35 holeFile

[instructor@instructor 3.2]$ hexdump holeFile

0000000 6854 7369 6920 2073 2061 6574 7473 6620

0000010 6c69 2165 000a

0000015

[instructor@instructor 3.2]$ ./lseekDemo

[instructor@instructor 3.2]$ cat holeFile

This is a test file!

HelloWorld!

[instructor@instructor 3.2]$ ls -l holeFile

-rw-rw-r--. 1 instructor instructor 161 11 月 20 10:35 holeFile

[instructor@instructor 3.2]$ hexdump holeFile

0000000 6854 7369 6920 2073 2061 6574 7473 6620

0000010 6c69 2165 000a 0000 0000 0000 0000 0000

0000020 0000 0000 0000 0000 0000 0000 0000 0000

*

0000090 0000 0000 4800 6c65 6f6c 6f57 6c72 2164

00000a0 000a

00000a1
```

3.2.6 函数 fcntl()

调用函数 fcntl()可改变已经打开文件的属性，其函数原型如下：

```
#include <unistd.h>
#include <fcntl.h>


int fcntl(int fd, int cmd, ... /* arg */ );
```

函数 fcntl() 的功能与参数 cmd 有关，具体功能如下：

- ◇ F_DUPFD：复制文件描述符，新文件描述符作为函数值返回。它是尚未打开的文件描述符中大于或等于第三个参数值的最小值。其 FD_CLOEXEC 文件描述符标识位被清空。
- ◇ F_DUPFD_CLOEXEC：同 F_DUPFD 的功能类似，但是 FD_CLOSEXC 文件描述符标识位有效。
- ◇ F_GETFD：返回当前文件描述符 FD_CLOSEXC 的状态。
- ◇ F_SETFD：设置当前文件描述符 FD_CLOEXEC 的状态，新标识位对应于第三个参数。
- ◇ F_GETFL：对应于 fd 的文件状态标识作为函数返回值。
- ◇ F_SETFL：将文件状态标识位设置为第三个参数值。可以更改的参数值是：O_APPEND、O_NONBLOCK、O_SYNC、O_DSYNC、O_RSYNC、O_FSYNC 和 O_ASYNC。
- ◇ F_GETOWN：获取当前接受 SIGIO 和 SIGURG 信号的进程 ID 或进程组 ID。
- ◇ F_SETOWN：设置接受 SIGIO 和 SIGUP 信号的进程 ID 或进程组 ID。arg 为正数时指定一个进程 ID，arg 为负数时指定一个进程组 ID。

【示例 3-6】　检测文件打开状态。

```
#include <stdio.h>
#include <stdlib.h>
#include <unistd.h>
#include <fcntl.h>


int main(int argc,char **argv)
{
    int val = 0;

    if(argc != 2)
    printf("Function Input Error !"),exit(1);

    val = fcntl(atoi(argv[1]),F_GETFL,0);
    if( val < 0 )
    {
        perror("fcntl():");
        exit(1);
```

```
        }

        switch(val & O_ACCMODE)
        {
                case O_RDONLY:
                        printf("Read Only");
                        break;
                case O_WRONLY:
                printf("Write Only");
                        break;
                case O_RDWR:
                        printf("Read Write");
                        break;
                default:
                        printf("Unknown Access Mode");
                        exit(2);
        }

        if (val & O_APPEND)
                printf(", Append");

        if (val & O_NONBLOCK)
                printf(", Nonblock");

        if (val & O_SYNC)
                printf(", Synchronous");

        printf("\n");

        return 0;
}
```

程序编译运行结果如下：

```
[instructor@instructor 3.2]$ ./fcntl 0 < /dev/tty
Read Only
[instructor@instructor 3.2]$ ./fcntl 1 > temp
[instructor@instructor 3.2]$ cat temp
Write Only
[instructor@instructor 3.2]$ ./fcntl 2  2>> temp
Write Only, Append
[instructor@instructor 3.2]$ ./fcntl 5  5<> temp
Read Write
```

3.2.7　函数 stat()

函数 stat()用来获得指定文件的属性信息，该函数有四个变种，其函数原型如下：

```
#include <sys/types.h>
#include <sys/stat.h>
#include <unistd.h>

int stat(const char *path, struct stat *buf);
int fstat(int fd, struct stat *buf);
int lstat(const char *path, struct stat *buf);

#include <fcntl.h>
#include <sys/stat.h>

int fstatat(int dirfd, const char *pathname, struct stat *buf, int flags);
```

一旦给出参数 path，函数 stat()返回与此命名文件有关的信息结构；函数 fstat()获得已在描述符 fd 上打开文件的有关信息；函数 lstat()类似于 stat()，但是当命名文件是一个符号链接时，函数 lstat()返回符号链接的有关信息，而函数 stat()返回该符号链接引用文件的信息。

函数 fstatat()返回相对路径的文件统计信息，参数 flags 用于控制是否跟随一个符号链接。当 AT_SYMLINK_NOFOLLOW 标识被设置时，函数 fstatat()不会跟随符号链接，而是返回符号链接本身的信息，否则，默认情况下，返回的是符号链接所引用文件的信息。如果参数 fd 的值是 AT_FDCWD，并且 pathname 参数是一个相对路径名，则函数 fstatat()会计算相对于当前目录的参数 pathname；如果参数 pathname 是一个绝对路径，则参数 dirfd 就会被忽略。在这两种情况下，根据参数 flags 的取值，函数 fstatat()就与函数 stat()和 lstat()的功能是一样的。

参数 buf 是一个指针，它指向一个我们必须提供数据的结构，函数会自动填充 buf 指向的结构。结构的实际定义可能同具体实现有所不同，但其基本形式如下：

```
struct stat {
    dev_t      st_dev;      /* ID of device containing file */
    ino_t      st_ino;      /* inode number */
    mode_t     st_mode;     /* protection */
    nlink_t    st_nlink;    /* number of hard links */
    uid_t      st_uid;      /* user ID of owner */
    gid_t      st_gid;      /* group ID of owner */
    dev_t      st_rdev;     /* device ID (if special file) */
    off_t      st_size;     /* total size, in bytes */
    blksize_t  st_blksize;  /* blocksize for file system I/O */
    blkcnt_t   st_blocks;   /* number of 512B blocks allocated */
```

```
        time_t    st_atime;    /* time of last access */
        time_t    st_mtime;    /* time of last modification */
        time_t    st_ctime;    /* time of last status change */
};
```

文件类型信息包含在结构 stat 的 st_mode 成员中，可以用这一点来确定文件类型。这些宏的参数都是在 stat 结构中的 st_mode 成员。

【示例 3-7】 检测文件类型。

```c
#include <stdio.h>
#include <stdlib.h>
#include <unistd.h>
#include <fcntl.h>
#include <sys/stat.h>
#include <sys/types.h>
int main(int argc,char **argv)
{
        int count = 0;
        struct stat buf;
        char *ptr;

        for(count=1;count<argc;count++)
        {
                printf("%s: ",argv[count]);
                if( lstat(argv[count],&buf) < 0 )
                {
                        perror("lstat()");
                        continue;
                }

                if(S_ISREG(buf.st_mode))
                        ptr = "Regular";
                else if(S_ISDIR(buf.st_mode))
                        ptr = "Directory";
                else if(S_ISCHR(buf.st_mode))
                        ptr = "Character Special";
                else if(S_ISBLK(buf.st_mode))
                        ptr = "Block Special";
                else if(S_ISFIFO(buf.st_mode))
                        ptr = "FIFO";
                else if(S_ISLNK(buf.st_mode))
                        ptr = "Symbolic Link";
```

```
                else if(S_ISSOCK(buf.st_mode))
                        ptr = "Socket";
                else
                        ptr = "** Unknown Mode **";

                printf("%s\n",ptr);
        }

        exit(0);

}
```

程序编译运行结果如下：

```
[instructor@instructor 3.2]$ gcc stat.c -o stat
[instructor@instructor 3.2]$ ./stat ./ /etc/passwd /dev/sda1 /dev/tty /bin/sh
./: Directory
/etc/passwd: Regular
/dev/sda1: Block Special
/dev/tty: Character Special
/bin/sh: Symbolic Link
```

3.2.8　函数 access()

调用函数 access()可以获取进程实际身份对文件的访问权限，其函数原型如下：

```
#include <unistd.h>
int access(const char *pathname, int mode);

#include <fcntl.h>
#include <unistd.h>
int faccessat(int dirfd, const char *pathname, int mode, int flags);
```

参数 mode 的取值可以分为 F_OK(测试文件存在)和 R_OK/W_OK/X_OK(测试读/写 / 执行权限)；参数 pathname 可以为绝对路径或相对路径(相对于当前目录)；参数 dirfd＝ AT_FDCWD 时，默认相对路径起点为当前目录；参数 flags＝AT_EACCESS 时，检查进程有效身份的访问权限，而非进程的实际身份。

3.3　标准 IO

标准 IO 库是由 Dennis Ritchie 于 1975 年左右编写的，它是 Mike Lest 编写的可移植 IO 库的主要修改版本。2010 年以后，人们几乎没有对标准 IO 库进行修改。标准 IO 库处理了很多细节，如缓冲区分配、以优化的块长度执行 IO 等，用户不必再担心不能正确选

择块长度，这些处理方便了用户的使用。

3.3.1 函数 fopen()

fopen()、fdopen()和 freopen()三个函数用于打开一个标准 IO 流，其函数原型如下：

```
#include <stdio.h>

FILE *fopen(const char *path, const char *mode);
FILE *fdopen(int fd, const char *mode);
FILE *freopen(const char *path, const char *mode, FILE *stream);
```

参数 mode 用于定义打开文件的访问权限。表 3-1 中描述了 mode 的取值，后面加 b 字符表示打开的文件为二进制文件，而不是纯文本文件。

表 3-1　参数 mode 一览表

mode 值	描述
r 或 rb	打开只读文件，该文件必须存在
r+或 r+b	打开可读写文件，该文件必须存在
W 或 wb	打开只写文件，若文件存在，则文件长度清为0，即会擦写文件以前的内容；若文件不存在，则建立该文件
w+或 w+b	打开可读写文件，若文件存在，则文件长度清为0，即会擦写文件以前的内容；若文件不存在，则建立该文件
a 或 ab	以附加方式打开只写文件。若文件不存在，则会建立该文件；如果文件存在，写入的数据会被加到文件尾，即文件原先的内容会被保留
a+或 a+b	以附加方式打开可读写文件。若文件不存在，则会建立该文件；如果文件存在，写入的数据会被加到文件尾，即文件原先的内容会被保留

函数 fopen()打开由参数 path 指定路径名的一个文件。函数 fdopen()取一个已有的文件描述符，并使一个标准的 IO 流与该描述符相结合。函数 freopen()在一个指定的流上打开一个指定的文件，若该流已经打开，则先关闭该流；若该流已经定向，则清除该定向。

一旦打开了流，即可对其进行读写操作。读写操作可在三种不同类型的非格式化 IO 中进行选择：

✧ 每字符 IO，一次读或写一个字符，如果流是带缓冲的，则标准 IO 函数处理所有缓冲。

✧ 单行 IO，如果想要一次读或写一行，则使用函数 fgets()和 fputs()，每行都以一个换行符终止。

✧ 直接 IO，函数 fread()和 fwrite()支持这种类型的 IO，每次 IO 操作读写一定数量的对象，且每个对象具有指定的长度。

3.3.2 函数 fclose()

函数 fclose()用于关闭一个已经打开的标准 IO 流，其函数原型如下：

```
#include <stdio.h>

int fclose(FILE *fp)
```

函数 fclose()在关闭文件流之前，会刷新缓冲区，将所有数据同步到磁盘中。函数若执行成功会返回 0，否则返回非 0 值，同时设置 errno。

3.3.3　函数 fgetc()

fgetc()、getc()和 getchar()三个函数用于从标准流中一次性读取一个字符，其函数原型如下：

```
#include <stdio.h>

int fgetc(FILE *stream);
int getc(FILE *stream);
int getchar(void);
```

上述三个函数用于返回当前位置的下一个字符，返回字符时会进行类型转换：将 unsigned char 类型转换为 int 类型。字符不带符号的理由是：最高位为 1 也不会使返回值为负。返回值类型为整型的理由是：可以返回所有可能的字符，再加上一个已发生错误或已到达文件尾端的标识值。值得一提的是，函数 getchar()等同于函数 getc(stdin)。

在头文件<stdio.h>中常数 EOF 被要求为一个负值，通常是 −1。

```
#define EOF (-1)
```

不管是出错还是到达文件结尾，上述三个函数都返回同样的值。为了区分这两种不同的情况，必须调用函数 ferror()和 feof()。

```
#include <stdio.h>.
int feof(FILE *stream);
int ferror(FILE *stream);
void clearerr(FILE *stream);
```

大多数实现中，FILE 对象为每个流维护了两个标识符：

◇ 出错标识。

◇ 文件结束标识。

函数 feof()用于检测当前是否到达文件结尾，若是返回 0，否则返回非 0 值；函数 ferror()用于检测当前流是否发生错误，若是返回 0，否则返回非 0 值；函数 clearerr()可以清除这两个标识。

3.3.4　函数 fputc()

putc()、fputc()和 putchar()三个函数用于向标准流中一次性写入一个字符，其函数原型如下：

```
#include <stdio.h>
```

```
int putc(int c, FILE *stream);
int fputc(int c, FILE *stream);
int putchar(int c);
```

与输入函数一样，函数 putchatr(c)等同于函数 putc(c, stdout)。

【示例 3-8】 单字节缓冲打印文件内容。

```c
#include <stdio.h>
#include <stdlib.h>
#include <unistd.h>

int main(int argc, char *argv[])
{
        int character = 0;

        while((character=getc(stdin))!=EOF)
        {
                if(putc(character,stdout)<0)
                {
                        err_sys("output error");
                }
        }

        if(ferror(stdin))
                err_sys("input error");

        exit(0);

}
```

程序编译运行结果如下：

```
[instructor@instructor 3.3]$ gcc fgetc.c -o fget
[instructor@instructor 3.3]$ ./fgetc < /etc/passwd
root:x:0:0:root:/root:/bin/bash
bin:x:1:1:bin:/bin:/sbin/nologin
daemon:x:2:2:daemon:/sbin:/sbin/nologin
...
```

3.3.5 函数 fgets()

fgets()和 gets()函数用于从打开流中一次性读取一行字符，其函数原型如下：

```
#include <stdio.h>
```

```
char *fgets(char *s, int size, FILE *stream);
char *gets(char *s);
```

这两个函数都指定了缓冲区地址，将读取的行送入其中。函数 gets()从标准输入读取，而函数 fgets()从指定的流读取。

对于函数 fgets()，必须指定缓冲的长度为 n，此函数一直读到下一个换行符为止，但不超过 n−1 个字符，读取的字符被送入缓冲区，该缓冲区以 NULL 字节结尾。如果该行最后一个换行符的字符数超过 n−1，则函数 fgets()返回一个不完整的行，但是缓冲区总是以 NULL 字节结尾，对函数 fgets()的下一次调用会继续读该行。

函数 gets()是一个不被推荐使用的函数，其问题是调用者在使用函数 gets()时不能指定缓冲区的长度，这样就可能造成缓冲区溢出，写到缓冲区之后的存储空间中，从而产生不可预料的错误，这种缺陷曾被利用，造成了 1988 年的网络蠕虫事件。函数 gets()和 fgets()的另一个区别是：函数 gets()不能把换行符存入缓冲区。

【示例 3-9】　行缓冲显示文件内容。

```
#include <stdio.h>
#include <stdlib.h>
#include <unistd.h>

int main()
{
        FILE *fp = NULL;
        char *buf;
        int count = 0;

        buf = (char *)malloc(10*sizeof(char));
        memset(buf,0,10*sizeof(char));

        fp = fopen("/etc/passwd","r");
        if(fp==NULL)
        {
                perror("fopen()");
                exit(1);
        }

        if((fgets(buf,10,fp))==NULL)
        {
                printf("fgets():Error!\n");
                exit(1);
        }
```

```
        for(count=0; count<10;count++)
        {
                printf("buf[%d]:\t%c->%d\n",count,buf[count],buf[count]);
        }


        exit(0);

}
```

程序编译运行结果如下：

```
[instructor@instructor 3.3]$ gcc fgets.c -o fgets
[instructor@instructor 3.3]$ ./fgets
buf[0]:         r->114
buf[1]:         o->111
buf[2]:         o->111
buf[3]:         t->116
buf[4]:         :->58
buf[5]:         x->120
buf[6]:         :->58
buf[7]:         0->48
buf[8]:         :->58
buf[9]:         ->0
```

3.3.6 函数 fputs()

fputs()和 puts()函数用于向打开流中一次性写入一个字符串，其函数原型如下：

```
#include <stdio.h>

int fputs(const char *s, FILE *stream);
int puts(const char *s);
```

函数 fputs()将一个 NULL 字节结尾的字符串写到指定的流中，尾端的终止符 NULL 不用写出。由于字符串不需要换行符作为最后一个非 NULL 字符，因此函数 fputs()并不一定是每次输出一行。通常在 NULL 字符之前是一个换行符，但要求并不总是如此。

函数 puts()将一个以 NULL 字符终止的字符串写到标准输出中，但终止符不需要写出。随后，函数 puts()又将一个换行符写到标准输出中。函数 puts()虽不像函数 gets()那样不安全，但我们还是应避免使用它，以免增加需要记住它在最后是否添加了一个换行符的麻烦。如果总是使用函数 fgets()和 fputs()，那么我们就会熟知在每行终止处必须处理换行符。

3.3.7 二进制文件

对于文本文件，通常以字符或行为单位进行文件读写；对于二进制文件操作，更倾向于一次性读写一个完整的结构。如果使用函数 getc()或 putc()读写一个结构，那么循环必须通过整个结构，循环每次只能处理一个字节，这样会非常麻烦而且效率低下。如果使用函数 fputs()，可能实现不了完整读写结构的要求，因为函数 fputs()在遇到 NULL 字节时就会停止，而在结构中可能含有 NULL 字节。类似地，如果输入数据中包含有 NULL 字节或换行符，则函数 fgets()也不能进行完整读写的操作。因此，提供了函数 fread()和 fwrite()，用以执行二进制文件的读写操作，其函数原型如下：

```
#include <stdio.h>

size_t fread(void *ptr, size_t size, size_t nmemb, FILE *stream);
size_t fwrite(const void *ptr, size_t size, size_t nmemb, FILE *stream);
```

函数 fread()和 fwrite()通常有以下两种常见的用法：

(1) 读写一个二进制数组。例如，为了将一个浮点数组的第 2～5 个元素写到一个文件中，可以编写如下程序：

```
float data[10];
if((&data[2], sizeof(float), 4, fp)!=4)
        err_sys("fwrite error");
```

(2) 读写一个结构。例如编写如下程序：

```
struct {
        short count;
        long total;
        char name[NAMESIZE];
} item;

if(fwrite(&item,sizof(item),1,fp)!=1)
{
        err_sys("fwrite error");
}
```

函数 fread()和 fwrite()返回值为读写对象的数目。对于已经达到文件结尾的情况，函数 fread()的返回值可能少于 nmemb，这种情况下，应调用函数 ferror()或 feof()以判断是哪一种情况。对于函数 fwrite()，如果返回值少于所要求的 nobj，则表示出错。

二进制文件读写操作的基本问题是：它只能用于读在同一系统上已写的数据。以前这不是问题，而现在，由于很多异构系统通过网络相互连接起来(这种情况已经非常普遍)，就会出现在一个系统上写的数据要在另一个系统上进行处理的情况。在这种环境下，这两个函数可能就无法正常工作，其原因是：

(1) 在一个结构中，同一成员的偏移量可能随编译程序和系统的不同而不同。某些编译程序有一选项，可选择不同值，可以使结构中的各成员紧密包装(节省存储空间的同时性能有所下降)，或者准确对齐(以便在运行时易于存取结构中的各个成员)。这意味着即使在同一操作系统上，一个结构的二进制存取方式也可能因编译程序选项的不同而不同。

(2) 用来存储多字节整数和浮点数的二进制格式在不同的操作系统结构间也可能不

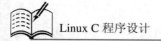

同。在不同系统之间交换二进制数据的实际解决方法也是使用互认的规范格式。

3.3.8 文件流定位

文件流定位的方法通常有三种：

◇ 函数 ftell()和 fseek()，假定文件的位置可以存放在一个长整型中。

◇ 函数 ftello()和 fseeko()，使用了 off_t 数据类型代替了长整型，使文件偏移量可以不必为长整型。

◇ 函数 fgetpos()和 fsetpos()，由 ISO C 引入的，使用抽象数据类型 fpos_t 记录文件位置。

上述文件流定位的函数原型如下：

```
#include <stdio.h>

long ftell(FILE *stream);
long fseek(FILE *stream, long offset, int whence);

off_t ftello(FILE *stream);
int fseeko(FILE *stream, off_t offset, int whence);

int fgetpos(FILE *stream, fpos_t *pos);
int fsetpos(FILE *stream, fpos_t *pos);
```

对于二进制文件，其文件位置指示器是从文件起始位置开始度量，并以字节为度量单位的。函数 ftell()用于二进制文件时，其返回值就是这种字节位置。函数 fseek()定位一个二进制文件，必须指定参数 offset，以及解释这种偏移量的方式。参数 whence 的值与函数 lseek()的相同：

◇ SEEK_SET 表示文件的起始位置。

◇ SEEK_CUR 表示文件的当前位置。

◇ SEEK_END 表示文件的结束位置。

对于文本文件，它们的文件当前位置可能不以简单的字节偏移量来度量，这主要也是因为在非 UNIX 系统中，它们可能以不同的格式存放文本文件。为了定位一个文本文件，参数 whence 一定要是 SEEK_SET，而且参数 offset 只能有以下两种值：

◇ 0，表示后退到文件的起始位置。

◇ 该文件的函数 ftell()所返回的值。

3.3.9 格式化输入/输出

格式化输入/输出是指按照指定的格式输入/输出内容。C 语言中，函数 printf()用于实现格式化输出操作，而函数 scanf()用于实现格式化输入操作。

1．格式化输入

函数族 scanf()的工作方式与函数族 printf()类似，所不同的是前者是从一个文件流中读取内容，并在作为参数传递的指针地址处放置变量值。二者以同样的方式使用格式字符串来控制输入数据的转换，涉及的转换控制符也是相同的。

通常，函数族 scanf()并不被推荐使用，主要有三方面原因：

◇ 传统的原因是因为这些函数的实现存在一些漏洞。

◇ 它们的使用不够灵活。

◇ 它们会使得编写的程序难以理解。

所以，建议尽量使用其他函数完成输入功能，如 fread()或 fgets()。

2. 格式化输出

Linux 系统中，格式化输出是由函数族 printf()进行处理的，该函数族能够对各种不同类型的参数进行格式编排和输出。每个参数在输出流中的表示形式由格式参数 format 控制，它是一个包含需要输出的普通字符和转换控制符代码的字符串，转换控制符规定了其余的参数应该以何种方式输出到何种地方。函数族 printf()的函数原型如下：

```
#include <stdio.h>

int printf(const char *format, ...);
int fprintf(FILE *stream, const char *format, ...);
int dprintf(int fd, const char *format, ...);
int sprintf(char *str, const char *format, ...);
int snprintf(char *str, size_t size, const char *format, ...);
```

函数 printf()用于将格式化数据写到标准输出中；函数 fprintf()用于将格式化数据写到指定的流中；函数 dprintf()用于将格式化数据写到指定的文件描述符中，该函数并不处理文件指针，因而不需要调用函数 fdopen()将文件描述符转化为文件指针；函数 sprintf()用于将格式化数据写到数组 str 中；函数 snprintf()在数组 str 末尾自动追加一个 NULL 字节，但该字节不包括在返回值中。

值得一提的是，函数 sprintf()可能会造成由参数 str 所指向缓冲区的溢出，调用者有责任确保该缓冲区有足够大的空间。因为缓冲区溢出会造成程序不稳定，甚至存在安全隐患，为了解决这种缓冲区溢出问题，引入了函数 snprintf()。该函数中，缓冲区长度是一个显式参数 size，超过缓冲区结尾的所有字符都被丢弃。如果缓冲区足够大，函数 snprintf()返回小于缓冲区长度 n 的正数，输出没有被截断；若发生一个编码错误，则函数 snprintf()返回负数。

3.4 目录文件

Linux 系统的一个最常见的问题就是扫描目录，也就是确定一个特定目录下存放的文件。在 Shell 设计中这很容易做到，只需让 Shell 做一次表达式的通配符扩展。在过去，UNIX 系统的各种变体都允许用户通过编程访问底层文件系统结构，把目录当作一个普通文件打开，并直接读取目录数据项，但不同的文件系统结构及其实现已经使得这种方法没有什么可移植性了。现在，一整套标准的库函数已经被开发出来，使得目录的扫描工作变得十分简单。

3.4.1　函 数 mkdir()

函数 mkdir()和 mkdirat()用于创建目录，其函数原型如下：

```
#include <fcntl.h>
#include <sys/stat.h>


int mkdir(const char *path, mode_t mode);
int mkdirat(int dirfd, const char *pathname, mode_t mode);
```

这两个函数用于创建一个新的空目录。其中，"."和".."目录项是自动创建的，所指定的文件访问权限 mode 由进程的文件模式创建屏蔽字修改。

常见的错误是指定与文件相同的 mode(只指定读、写权限)。但是，对于目录通常至少要设置一个执行权限位，以允许访问该目录中的文件名。

函数 mkdirat()和 mkdir()类似。参数 dirfd 具有特殊值 AT_FDCWD。参数 pathname 指定了绝对路径名时，函数 mkdirat()和 mkdir()完全一样，否则，参数 dirfd 是一个打开的目录，相对路径名根据此目录进行计算。

【示例 3-10】　使用函数 mkdir()创建目录。

```
#include <stdio.h>
#include <stdlib.h>
#include <unistd.h>
#include <sys/stat.h>


int main()
{
        fid_t fd = 0;
        int val = 0;


        fd = open("/tmp/",O_RDONLY|O_DIRECTORY);
        if( fd < 0 )
        {
                perror("open()");
                exit(1);
        }


        val = mkdirat(fd, "mydir", 0755);
        if( val < 0 )
        {
                perror("mkdir()");
                exit(1);
        }
```

```
        close(fd);

        exit(1);
}
```

程序编译运行结果如下：

```
[instructor@instructor 3.4]$ gcc mkdir.c -o mkdir
[instructor@instructor 3.4]$ ./mkdir
[instructor@instructor 3.4]$ ls -l /tmp
total 4868
-rwxr-xr-x. 2 instructor instructor 6 Jan  2 13:49 myFile01
-rwx------. 1 instructor instructor 0 Dec  3 14:23 system-private-167qy0
-rwx------. 1 instructor instructor 0 Dec  3 14:23 system-private-4NJatq
......
```

3.4.2　函数 rmdir()

函数 rmdir()可以删除一个空目录。空目录是只包含"."和".."这两项的目录，其函数原型如下：

```
#include  <unistd.h>


int rmdir(const char *path);
```

调用此函数使目录的链接计数成为 0，并且在没有其他进程打开此目录的情况下，释放此目录占用的空间。如果链接计数达到 0，有一个或多个进程打开此目录，则在此函数返回前删除最后一个链接及"."和".."项。在此目录中不能再创建新文件，但是在最后一个进程关闭它之前不能释放此目录(即使另一些进程打开该目录，它们在此目录下也不能执行其他操作。这样处理是为了使函数 rmdir()能成功执行，该目录必须是空的)。

3.4.3　函数 opendir()

由于目录文件也是一种文件，因此用户可以像打开普通文件那样将其打开。不过，打开一个目录文件需要使用系统提供的特殊接口，而不能使用打开普通文件的函数 open()。Linux 系统提供了函数 opendir()，用来打开目录项，其函数原型如下：

```
#include <sys/types.h>
#include <dirent.h>


DIR *opendir(const char *name);
DIR *opendir(int fd);
```

函数 opendir()的参数表示需要打开目录的路径名，其返回值是一个 DIR 结构的指

针。该结构是一个内部结构，用于保存所打开目录的信息，其作用类似于 FILE 结构。如果函数 opendir()出错，则返回 NULL。

函数 fdopendir()最早出现在 SUSv4 中，它提供了一种方法，可以把打开的文件描述符转换成目录处理函数所需的 DIR 结构。

3.4.4　函数 closedir()

关闭一个目录文件时也要使用特殊的函数。Linux 系统使用函数 closedir()关闭一个打开的目录，其函数原型如下：

```
#include <sys/types.h>
#include <dirent.h>

int closedir(DIR *dirp);
```

函数 closedir()的参数表示需要关闭目录的 DIR 结构指针，关闭之后则不能再应用该目录。如果成功关闭目录，其返回值为 0，否则返回 –1。

3.4.5　函数 readdir()

Linux 环境下允许用户像读取文件内容一样读取目录中存放文件的目录项，在读取这些目录项的同时会改变目录文件的当前读写位置。Linux 环境下不提供对目录文件进行写操作的函数。也就是说，只有创建一个新文件或操作目录时，才可能向目录文件中添加一个目录项，从而完成对目录文件的写操作。Linux 系统使用函数 readdir()读取一个目录中的内容，其函数原型如下：

```
#include <dirent.h>

struct dirent *readdir(DIR *dirp);
```

函数 readdir()返回一个指针，该指针指向 dirent 类型结构，该结构里保存着目录流 dirp 中的下一个目录项的有关资料，后续调用函数 readdir()将返回后续的目录项。如果发生错误或者到达目录结尾，函数 readdir()将返回 NULL。POSIX 标准在到达目录结尾时会返回 NULL，但并不改变 errno 的值，只有在发生错误时才会设置 errno。

dirent 类型结构在头文件<bits/dirent.h>中定义，具体内容如下：

```
struct dirent {
        ino_t    d_ino;
        off_t    d_off;
        unsigned short d_reclen;
        unsigned char d_type;
        char     d_name[256];
}
```

结构 dirent 的成员变量具体含义如下：

◇ d_ino：索引节点编号。

◇ d_off：在当前目录文件中的偏移量。

◇ d_reclen：文件名长度。

◇ d_type：文件类型。

◇ d_name[]：文件名(文件名最大为 255 个字符)。

【示例 3-11】 显示目录下所有文件。

```c
#include <stdio.h>
#include <stdlib.h>
#include <unistd.h>
#include <dirent.h>
#include <errno.h>

DIR *opendir(const char *name);

int main(int argc,char *argv[])
{
    int ret = 0;
    int count = 0;
    DIR *dp;
    struct dirent *dirent;

    if(argc!=2)
    {
        printf("usage:readdir <staring-pathname>\n");
        exit(1);
    }

    dp = opendir(argv[1]);
    if(dp==NULL)
    {
        perror("opendir()");
        exit(1);
    }

    while((dirent=readdir(dp))!=NULL)
    {
        count++;
        printf("file[%2d]:-> %s\n", count,dirent->d_name);
    }
```

```
        if(errno)
        {
                perror("readdir()");
                exit(1);
        }

        exit(0);
}
```

程序编译运行结果如下：

```
[instructor@instructor 3.4]$ gcc readdir.c -o readdir
[instructor@instructor 3.4]$ ./readdir
usage:readdir <staring-pathname>
[instructor@instructor 3.4]$ ./readdir /mytmp
opendir(): No such file or directory
[instructor@instructor 3.4]$ ./readdir /tmp
file[ 1]:-> .
file[ 2]:-> ..
file[ 3]:-> .X11-unix
file[ 4]:-> .ICE-unix
file[ 5]:-> .XIM-unix
......
```

3.4.6　函数 getcwd()

　　每个进程都有一个工作目录，如果程序使用了相对路径，进程就会以当前目录为起点开始搜索相对路径。也就是说，在程序中所有以文件名引用的文件路径都将被解释为当前工作目录或文件命名。

　　例如，进程的工作目录为/home/instructor/code，程序中有如下语句：

```
fd = open("test.txt", O_RDONLY);
fd = open("./tmp/test.txt", O_RDONLY);
```

　　第一个函数 open()打开的文件为 "/home/instructor/code/test.txt"，而第二个函数 open()打开的文件为 "/home/instructor/code/tmp/test.txt"。

　　在编程过程中，用户可以使用函数 getcwd()来得到当前进程的工作目录。事实上，Linux 系统命令 pwd 就是通过调用该函数来得到 Shell 环境下的当前工作目录。函数 getcwd()的原型如下：

```
#include <unistd.h>

char *getcwd(char *buf, size_t size);
```

　　函数 getcwd()用于获取当前进程的绝对路径。它需要两个参数：参数 buf 用于传递缓冲区地址；参数 size 用于传递缓冲区长度。该缓冲区必须有足够的长度以容纳绝对路径名再加上一个终止字符 NULL，否则返回出错。

　　函数 getcwd() 执行成功会返回缓冲区的地址，也就是参数 buf 的地址；执行失败，会返回 NULL，同时 errno 被设置为相应的值。

3.4.7　函数 chdir()

　　程序可以像用户在文件系统里那样来浏览目录，就像在 Shell 中使用命令 cd 来切换目录一样，程序可以使用函数 chdir() 来改变当前工作目录，其函数原型如下：

```
#include <unistd.h>

int chdir(const char *path);
```

　　参数 path 用于指定要切换到的目录，可以为相对路径，也可以为绝对路径。函数执行成功时返回 0；否则，返回 −1，同时设置 errno 为相应的值。

　　【示例 3-12】　切换进程工作目录。

```
#include <stdio.h>
#include <stdlib.h>
#include <unistd.h>

#define SIZE 1024

int main(int argc, char argv[])
{
        char *buf;

        buf = (char *)malloc(SIZE*sizeof(char));
        memset(buf, 0, SIZE*sizeof(char));

        if(getcwd(buf,SIZE)==NULL)
        {
                perror("getcwd()");
                exit(1);
        }
        printf("before change directory: %s\n", buf);


        if(chdir("/var/spool")<0)
        {
                perror("chdir()");
                exit(1);
```

```
        }

        memset(buf, 0, SIZE*sizeof(char));

        if(getcwd(buf,SIZE)==NULL)
        {
                perror("getcwd()");
                exit(1);
        }
        printf("after change directory: %s\n", buf);

        exit(0);

}
```

程序编译运行结果如下：

```
[instructor@instructor 3.4]$ gcc chdir.c -o chdir
[instructor@instructor 3.4]$ ./chdir
before change directory: /home/instructor/Code/3.2
after change directory:/var/spool
```

3.5 链接文件

链接是在共享文件和访问该文件的目录项之间建立联系的一种方法。Linux 系统中的链接大致分为两种：硬链接(Hard Link)和软链接(Soft Link)。软链接也被称为符号链接(Symbolic Link)。

3.5.1 硬链接

硬链接本质上是一个指针，指向目标文件的索引节点。一个目录项只能对应一个索引节点，而一个索引节点可以对应多个目录项。因此，一个目录项只有一个链接，而一个索引节点可以有多个链接，如图 3-2 所示。

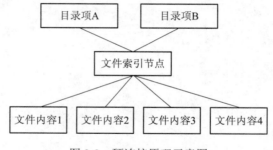

图 3-2 硬连接原理示意图

Linux 系统提供了系统调用函数 link()和 unlink()，以方便用户在程序中能够创建和删除硬链接，其函数原型如下：

```
#include <unistd.h>

int link(const char *oldpath, const char *newpath);
int unlink(const char *pathname);
```

函数 link()用于创建一个新的由参数 newpath 指定的目录项，该目录项引用由参数 oldpath 指定的已有目录项。函数执行成功后，新目录项只创建参数 newpath 的最后一个分量，路径中的其他部分应当已经存在。函数执行成功返回 0；否则返回 –1，同时 errno 被设置为相应的值。

函数 unlink()用于删除由参数 pathname 指定的目录项，并将其引用的文件的链接计数减 1。如果该文件还有其他链接，则仍可通过这些链接访问数据。

【示例 3-13】 创建和删除硬链接。

```c
#include <stdio.h>
#include <stdlib.h>
#include <unistd.h>
#include <fcntl.h>
#include <string.h>
#include <sys/stat.h>

#define BUFSIZE 1024

int main(int argc, char *argv[])
{
    int fd = 0;
    struct stat statbuf;
    char buf[BUFSIZE];

    /* stat test.txt */
    if(stat("test.txt", &statbuf)==-1)
    {
        perror("status()");
        exit(1);
    }
    printf("test.txt, the number of links is: %d\n",statbuf.st_nlink);

    /* link test2.txt */
    if(link("test.txt","test2.txt")==-1)
    {
```

```
        perror("link()");
        exit(1);
}

/* stat test.txt & test2.txt */
if(stat("test.txt", &statbuf)==-1)
{
        perror("status()");
        exit(1);
}
printf("test.txt, the number of links is: %d\n",statbuf.st_nlink);

if(stat("test2.txt", &statbuf)==-1)
{
        perror("status()");
        exit(1);
}
printf("test2.txt, the number of links is: %d\n\n",statbuf.st_nlink);

/* write data to test.txt */
if((fd=open("test.txt",O_RDWR))==-1)
{
        perror("open()");
        exit(1);
}

memset(buf, 0, BUFSIZE);
strcpy(buf,"Hello World!");

if(write(fd,buf,strlen(buf))==-1)
{
        perror("write()");
        exit(1);
}

close(fd);

/* read data from test2.txt */
if((fd=open("test2.txt",O_RDONLY))==-1)
{
```

```
            perror("open()");
            exit(1);
    }

    memset(buf,0,BUFSIZE);

    if(read(fd, buf, 1024)==-1)
    {
            perror("read()");
            exit(1);
    }
    printf("content of test2.txt is: %s\n",buf);

    close(fd);

    /* unlink test2.txt & stat test,txt */
    if(unlink("test2.txt")==-1)
    {
            perror("unlink()");
            exit(1);
    }

    if(stat("test.txt",&statbuf)==-1)
    {
            perror("stat()");
            exit(1);
    }
    printf("test.txt, the number of links is: %d\n", statbuf.st_nlink);

    /* unlink test.txt while opening */
    if((fd=open("test.txt",O_RDWR))==-1)
    {
            perror("fail to open");
            exit(1);
    }

    if(unlink("test.txt")==-1)
    {
            perror("unlink()");
            exit(0);
```

```
        }

        /* fstat test.txt */
        if(fstat(fd,&statbuf)==-1)
        {
                perror("fstat()");
                exit(1);
        }
        printf("test.txt, the number of links is: %d\n\n",statbuf.st_nlink);

        /* read data from test.txt */
        if(read(fd,buf,1024)==-1)
        {
                perror("read()");
                exit(1);
        }
        printf("content of test2.txt is: %s\n", buf);

        close(fd);

        exit(0);
}
```

程序编译运行结果如下：

```
[instructor@instructor 3.5]$ gcc hardlink.c -o hardlink
[instructor@instructor 3.5]$ ./hardlink
test.txt, the number of links is: 1
test.txt, the number of links is: 2
test2.txt, the number of links is: 2

content of test2.txt is: Hello World!!

test.txt, the number of links is: 1
test.txt, the number of links is: 0

content of test2.txt is: Hello World!!
```

　　只有当链接计数达到 0 时，该文件的内容才可被删除。有一种情况可阻止文件的内容被删除——只要有进程打开了该文件，其内容就不会被删除。关闭一个文件时，内核首先检查打开该文件的进程个数，如果这个计数达到 0，内核再去检查其链接计数，如果链接计数也为 0，那么才会删除该文件的内容。

3.5.2　软链接

软链接是指一个文件的间接指针，其文件内容主要用于记录目标文件的存储路径，如图 3-3 所示。软链接提供了一个指向目标文件的快捷途径，其作用类似于 Windows 系统中的快捷方式。当用户需要访问一个文件时，不经过该文件的路径也可访问，只要建立一个指向该文件的软链接，当用户操作这个软链接时，就等同于操作软链接所指向的文件。

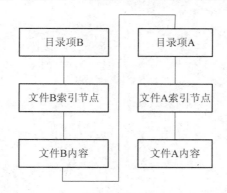

图 3-3　软链接模型

软链接与硬链接有本质的区别：硬链接的目录项直接指向目标文件的索引节点，而软链接的文件内容记录了目标文件的目录项。

引入软链接的主要原因是避开硬链接的一些限制：

◇　硬链接通常要求链接和文件位于同一文件系统中。

◇　目录之间不能使用硬链接。

对符号链接以及它指向的对象并无任何文件系统限制，任何用户都可以创建指向目录的符号链接。符号链接一般用于将一个文件或整个目录结构移到系统中的另一位置处。

Linux 系统提供了系统调用函数 symlink()和 readlink()，以方便用户在程序中能够创建和读取软链接，其函数原型如下：

```
#include <unistd.h>

int symlink(const char *oldpath, const char *newpath);
ssize_t readlink(const char *path, char *buf, size_t bufsiz);
```

函数 symlink()用于创建一个指向 oldpath 的新目录项 newpath。在创建此软链接时，并不要求 newpath 已经存在，并且 oldpath 和 newpath 并不需要位于同一文件系统中。

函数 readlink()组合了函数 open()、read()和 close()等的所有操作。如果函数执行成功，返回读入 buf 的字节数，在 buf 中返回的软链接内容不以字符 NULL 结束。

【示例 3-14】　创建软链接。

```
#include <stdio.h>
#include <stdlib.h>
#include <unistd.h>
#include <fcntl.h>
```

```c
#include <sys/stat.h>
#include <sys/types.h>
#include <string.h>

#define BUFSIZE 1024

int main()
{
        int fd = 0;
        char buf[BUFSIZE];

        if(symlink("test.txt","sym1.txt")==-1)
        {
                perror("symlink()");
                exit(1);
        }

        if(symlink("sym1.txt","sym2.txt")==-1)
        {
                perror("symlink()");
                exit(1);
        }

        fd = open("sym2.txt", O_RDONLY);

        memset(buf,0,BUFSIZE);

        if(read(fd,buf,BUFSIZE)==-1)
        {
                perror("read()");
                exit(1);
        }
        printf("read()->sym2.txt: %s\n", buf);

        close(fd);

        memset(buf,0,BUFSIZE);

        if(readlink("sym1.txt", buf, BUFSIZE)==-1)
        {
```

```
                perror("readlink()");
                exit(1);
        }
        printf("readlink()->sym1.txt: %s\n", buf);

        memset(buf,0,BUFSIZE);

        if(readlink("sym2.txt", buf, BUFSIZE)==-1)
        {
                perror("readlink()");
                exit(1);
        }
        printf("readlink()->sym2.txt: %s\n", buf);

        exit(0);
}
```

程序编译运行结果如下：

```
[instructor@instructor 3.4]$ gcc symlink.c -o symlink
[instructor@instructor 3.4]$ ./symlink
read()->sym2.txt: Hello, World!

readlink()->sym1.txt: test.txt
readlink()->sym2.txt: sym1.txt
```

当使用函数 read()或者 write()对软链接文件进行读/写时，实际上读/写的是软链接所引用的目标文件。

3.6　临时文件

程序运行过程中，有时需要存储一些临时数据，这便需要用到临时文件。Linux 系统中为创建临时文件提供了两套实现方案。

1. ISO C 库

ISO C 标准 IO 库提供了函数 tmpnam()和 tmpfile()，用以完成临时文件的创建，其函数原型如下：

```
#include <stdio.h>

char *tmpnam(char *s);
FILE *tmpfile(void);
```

函数 tmpnam()产生一个与现有文件名不同的有效路径名字符串。每次调用它时，都会产生一个不同的路径名，最多调用次数为 TMP_MAX。TMP_MAX 在<bits/stdio_lim.h>中定义如下：

```
#define TMP_MAX 238328
```

函数 tmpnam()的参数 s 若为 NULL，则产生的路径名保存在一个静态区中，指向该静态区的指针作为函数值返回。后续调用函数 tmpname()时，会重写该静态区(这意味着，如果我们多次调用此函数，而且想保存路径名时，应当保存路径名的副本，而不是指针的副本)。若参数 s 不为 NULL，则认为它应当指向的长度至少是 L_tmpnam 个字符的数组，所产生的路径名存放在该数组中，数组地址也作为函数值返回。

函数 tmpfile()创建一个临时二进制文件(类型为"wb+")，在关闭该文件或结束程序时会自动删除文件。Linux 系统对二进制文件不会进行特殊区分。

【示例 3-15】 ISO C 方式创建临时文件。

```
#include <stdio.h>
#include <stdlib.h>
#include <unistd.h>

int main(int argc, char *argv[])
{
        char name[L_tmpnam],line[MAXLINE];
        FILE *fp;

        printf("tmpname(NULL):\t%s\n",tmpnam(NULL));

        tmpnam(name);
        printf("tmpname(name):\t%s\n",name);

        if((fp=tmpfile())==NULL)
                err_sys("tmpfile error");

        fputs("one line of output\n",fp);
        rewind(fp);

        if(fgets(line,sizeof(line),fp)==NULL)
                err_sys("fgets error");

        fputs(line,stdout);

        Exit(1);
}
```

程序编译运行结果如下：

```
[instructor@instructor 3.4]$ gcc tempfile.c -o tempfile
[instructor@instructor 3.4]$ ./tempfile
tmpname(NULL):        /tmp/fileIfjRl8
tmpname(name):        /tmp/file7KZkLS
one line of output
```

函数 tmpfile()经常使用的标准 UNIX 技术是先调用函数 tmpname()产生唯一的路径名，然后用该路径名创建一个文件，并且立即 unlink 它。对一个文件解除链接时不会删除其内容，关闭该文件时才会删除其内容，而关闭文件可以是显式的，也可以在程序终止时自动进行。

2. Single UNIX Specification

Single UNIX Specification 为处理临时文件定义了另外两个函数：mkdtemp()和 mkstemp()。它们是 XSI 的扩展部分，其函数原型如下：

```
#include <stdlib.h>

char *mkdtemp(char *template);
int mkstemp(char *template);
```

函数 mkdtemp()用于创建一个临时目录，该目录有唯一的名字；函数 mkstemp()用于创建一个文件，该文件有唯一的名字。名字是通过参数 template 进行选择的，参数 template 是一个字符串，其后 6 位必须设置为"XXXXXX"，函数会将这些占位符替换成不同的字符来构建唯一的路径名。如果成功的话，这两个函数将修改 template 字符串以反映临时文件的名字。

由函数 mkdtemp()创建的目录使用的访问权限位集为：S_IRUSR | S_IWUSR | S_IXUSR。调用进程的文件模式创建屏蔽字可以进一步限制这些权限，如果目录创建成功，函数 mkdtemp()返回新目录的名字。

函数 mkstemp()以唯一的名字创建一个普通文件并且打开该文件，该函数返回的文件描述符以读写方式打开。由函数 mkstemp()创建的文件使用访问权限位：S_TRUSR | S_IWUSR。

与函数 tempfile()不同，函数 mkstemp()创建的临时文件并不会自动消失，如果想从文件系统命名空间中删除该文件，用户必须对它解除链接。

【示例 3-16】 Single UNIX Specification 方式创建临时文件。

```
#include <stdio.h>
#include <stdlib.h>
#include <unistd.h>

void make_temp(char *template);

int main()
{
        char good_template[] = "/tmp/dirXXXXXX";
```

```
        char *bad_template = "/tmp/dirXXXXXX";

        printf("trying to create first temp file...\n");
        make_temp(good_template);

        printf("trying to create second temp file...\n");
        make_temp(bad_template);

        exit(0);
}

void make_temp(char *template)
{
        int fd;
        struct stat sbuf;

        if((fd=mkstemp(template))<0)
        {
                err_sys("can't create temp file");
        }

        printf("temp name = %s\n",template);

        close(fd);

        if(stat(template,&sbuf)<0)
        {
                if(errno==ENOENT)
                        printf("file doesn't exist\n");
                else
                        printf("stat failed");
        }
        else
        {
                printf("file exists\n");
                unlink(template);
        }
}
```

[instructor@instructor 3.4]$ gcc mkstemp.c -o mkstemp

```
[instructor@instructor 3.4]$ ./mkstemp
trying to create first temp file...
temp name = /tmp/diruYXfCu
file exists
trying to create second temp file...
Segmentation fault (core dumped)
```

使用函数 tmpname()和 tmpfile()有一个缺点：在返回唯一的路径名和用该名字创建文件之间存在一个时间窗口，在这个时间窗口中，另一进程可以用相同的名字创建文件。因此推荐使用函数 mkdtemp()和 mkstemp()，因为它们不存在这个问题。

小　　结

通过本章的学习，读者应该了解：

◇ Linux 系统对物理磁盘的访问都是通过设备驱动程序来进行的，而对设备驱动的访问则有两种途径：通过设备驱动本身提供的接口和通过 VFS 提供给上层应用程序的接口。

◇ Linux 系统文件 IO 主要实现方式为系统调用。操作系统提供的基本 IO 服务与 Linux 内核绑定，特用于 Linux/UNIX 平台。

◇ Linux 系统标准 IO 是 ANSI C 建立的一个标准 IO 模型，标准 IO 库处理了很多细节，例如缓存分配和以优化长度执行 IO 等。

◇ Linux 系统基于流的操作最终都将会以系统调用的形式进行 IO 操作，为了提高程序运行效率、减少系统调用次数，引入了三种缓冲机制：全缓冲、行缓冲和无缓冲。

◇ Linux 系统文件 IO 的常用操作有：open()——打开文件，close()——关闭文件，read()——读取文件，write()——写文件，lseek()——定位文件读写位置和 stat()——获取文件属性。

◇ Linux 系统标准 IO 的常用操作有：fopen()—打开文件，fclose()——关闭文件，fgetc()——单字节读文件，fputc()——单字节写文件，fgets()——单行读文件和 fputs()——单行写文件。

◇ Linux 系统中，二进制文件常采用函数 fread()和 fwrite()进行读取，使用方式大致分为两种：一次性读写一个数组和一次性读写一个结构。

◇ Linux 系统目录的常用操作有：mkdir()——创建目录，rmdir()——删除目录，opendir()——打开目录，closedir()——关闭目录，readdir()——读取目录，chdir()——改变当前工作目录和 getcwd()——获取当前工作目录。

◇ Linux 系统中的链接大致分为两种：硬链接(Hard Link)和软链接(Soft Link)。软链接也被称为符号链接(Symbolic Link)。

◇ Linux 系统中为临时文件的创建提供了两种实现方案：基于 ISO C 库的实现方式和基于 Single UNIX Specification 的实现方式。

习　　题

1. 为了提高程序运行效率，Linux 系统引入了三种缓冲机制：_____、_____和_____。

2. Linux 系统中，用于创建目录的函数是_____，用于获得当前进程工作目录的函数是_____。

3. Linux 系统中，用于创建硬链接的函数是_____，用于创建软链接的函数是_____，用于读取软链接的函数是_____。

4. 简述 Linux 系统的缓冲机制。

5. 简述 Linux 系统文件 IO 和标准 IO 的联系与区别。

第4章　进程编程

4.1　Linux 文件系统概述

Linux 系统是多任务操作系统，可同时运行多个进程，完成多项工作。进程是处于活动状态的程序，在操作系统的管理下，所有进程共享计算机中的硬件资源。作为系统运行时的基本逻辑成员，进程不仅作为独立个体运行在系统上，而且还将相互竞争系统资源。

4.1.1　进程的基本概念

进程是操作系统设计的核心概念。Multics 的设计者在 20 世纪 60 年代首次使用了"进程"这个术语，比作业更通用一些。目前存在很多关于进程的定义，例如：

◇　一个正在运行的程序。

◇　计算机中正在运行的程序的一个实例。

◇　可以分配给处理器并由处理器执行的一个实体。

◇　由单一顺序的执行线索、一个当前状态和一组相关的系统资源所描述的活动单元。

也可把进程视为由一组元素组成的实体，进程的两个基本元素是程序代码和代码相关联的数据集。假设处理器开始执行程序代码，那我们把这个执行的实体称为进程。进程执行时，任意给定一个时间，进程都可用以下元素为唯一表征：

◇　标识符：跟进程相关的唯一标识符，用来区别其他进程。

◇　状态：如果进程正在执行，那么进程处于运行态。

◇　优先级：相对于其他进程的优先级。

◇　程序计数器：程序中即将被执行的下一条指令的地址。

◇　内存指针：包括程序代码和进程相关数据的指针，还有和其他进程共享内存块的指针。

◇　上下文数据：进程运行时位于处理器中寄存器上的数据。

◇　IO 状态信息：包括显式 IO 请求、进程 IO 设备和进程使用的文件列表等。

◇　记账信息：包括 CPU 时间总和、时间限制和记账号等。

上述列表信息被存放在一个称为进程控制块的数据结构中，该控制块由操作系统创建和管理。比较有意义的一点是，进程控制块包含充分的信息，这样就可以中断一个进程的执行，并且在后来恢复执行进程时就好像进程从未被中断过一样。进程控制块是操作系统能够支持多进程和提供多重处理技术的关键工具。当进程被中断时，操作系统会把程序计数器和处理器寄存器保存到进程控制块中的相应位置，进程状态也被改变为其他的值(例如阻塞态或就绪态)，然后，操作系统可以自由地把其他进程置为运行态，把其他进程的程序计数器和进程上下文数据加载到处理器寄存器中，这样其他进程就可以开始执行。

因此，可以说进程是由程序代码、相关数据和进程控制块组成的。对于一个单处理器计算机而言，在任意时间最多都只有一个进程在执行，正在运行的进程的状态为运行态。

4.1.2　进程运行状态

对于一个被执行的程序，操作系统会为该程序创建一个进程或任务。从处理器角度来看，其在指令序列中按顺序执行指令，顺序根据程序计数器的寄存器中不断变化的值来指示，程序计数器可能指向不同进程中不同部分的程序代码；从程序自身的角度来看，它的执行涉及程序中的一系列指令。

1．两状态模型

操作系统的基本职责是控制进程的执行，这包括确定交互执行的方式和分配资源。在设计控制进程的程序时，第一步就是描述进程所表现出的行为。

一个进程被执行与否，都可以构造出最简单的模型。进程有两种状态：运行态或未运行态，如图 4-1(a)所示。操作系统创建一个新进程，把它加入到系统中，以等待被执行的机会。若当前正运行的进程不时被中断，操作系统的分派器将选择一个新进程运行。被中断的进程从运行态转换到未运行态，而另外一个新进程转换到运行态。

从这个简单的模型可以了解到操作系统的一些设计元素。必须用与进程相关的信息，即进程控制块(如进程在内存中的当前状态和位置等)来标识不同的进程，以便被操作系统随时跟踪和执行。未运行的进程必须保持在某种类型的队列中，等待执行时机。图 4-1(b)给出了一个结构，结构中有一个队列，队列中的每一项都指向某个特定进程的指针，每个数据块表示一个进程。可以用该队列描述分派器的行为。被中断的进程或被转移到等待进程队列中，或被销毁(如果进程已经结束或被取消的话则必须离开系统)。任何一种情况下，分派器均从队列中选择另一个进程来执行。

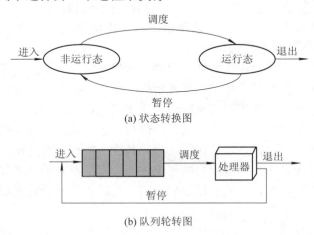

(a) 状态转换图

(b) 队列轮转图

图 4-1　两状态进程模型

2．五状态模型

如果所有进程都做好了执行准备[图 4-1(b)所给出的执行顺序原则上是 "先进先出"]，对于可运行的进程，处理器以一种轮转的方式操作。但是，即使前面描述的简单例子完全按这个顺序执行都是不合适的，原因在于存在着一些处于非运行态但已等待执行的进程，同时也存在一些处于阻塞状态等待 IO 操作结束的进程。因此，如果使用单个队列，分派器不能只考虑选择队列中最先进入的进程，而是应该扫描这个列表，查找那些未被阻塞且在队列中等待时间最长的进程。

解决这一问题比较好的方法是：将非运行状态再分成两个状态——就绪态和阻塞态。此外，还应该增加两个已经被证明是很有用的状态——新建态和退出态，这样即构成了五状态模型，如图 4-2 所示。

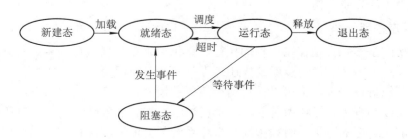

图 4-2 五状态进程模型

五状态模型中的五种状态具体含义如下：

◇ 运行态：进程正在被执行(本章中，假设计算机只有一个处理器，因此一次最多只有一个进程处于这个状态)。

◇ 就绪态：进程做好了准备，只要有机会就可运行。

◇ 阻塞态：进程在某些事件发生前不能执行，例如 IO 操作完成。

◇ 新建态：刚刚创建的进程，操作系统还没有把它加入到可执行进程组中，通常是进程块已经创建但还没有加载到内存中的新进程。

◇ 退出态：操作系统从可执行进程组中释放出的进程，或者因为它自身停止了，或者是因为某种原因被取消。

新建态和退出态对进程管理是非常有用的。新建态对应于刚刚定义的进程，例如，如果一位新用户试图登录到分时系统中，或者新的一批作业被提交执行，那么操作系统可以分两步定义新进程：首先，操作系统执行一些必需的辅助工作，将标识符关联到进程中，分配和创建管理进程所需要的所有表，此时，进程处于新建态，这意味着操作系统已经执行了创建进程的必要动作，但还没有执行进程；其次，操作系统将所需要的关于该进程的信息保存在内存的进程表中，但进程自身还未进入内存，就是说即将执行的程序代码不在内存中，也没有为这个程序相关的数据分配空间。当进程处于新建态时，程序保留在外存中，通常是磁盘中。

进程退出也分为两步：(1) 当进程到达一个自然结束点，由于出现不可恢复的错误而被取消时，或当具有相应权限的另一个进程取消该进程时，进程被终止。终止的进程转换到退出态，此时程序不再被执行，与程序相关的信息被操作系统临时保留起来，这给辅助程序或支持程序提供了获取所需信息的时间。(2) 为了分析性能和利用率，一个实用程序可能需要提取进程的历史信息，一旦这些程序提取了所需要的信息，操作系统就不再需要任何与该进程相关的数据，该进程将从系统中被删掉。

4.1.3　进程状态切换

导致进程状态转换的事件类型有很多，其中常见的有以下 8 种。

1．空→新建

通常有四个事件会导致一个进程的创建：

◇　批处理环境中，响应作业提交时会创建进程。

◇　交互环境中，当一个新用户试图登录时会创建进程。

◇　现有进程派生新进程，基于模块化的考虑，或者为了开发并行性，用户程序可以指示创建多个进程。

◇　操作系统代表应用程序创建进程，例如当用户请求打印一个文件时，操作系统会创建一个管理打印的进程，进而请求进程可以继续执行，与完成打印任务的时间无关。

2．新建→就绪

操作系统准备好再接纳一个进程时，把一个进程从新建态转换到就绪态。大多数系统会基于现有的进程数或分配给现有进程的虚存数量设置一些限制，以确保不会因为活跃进程的数量过多而导致系统性能的下降。

3．就绪→运行

需要选择一个新进程运行时，操作系统会选择一个处于就绪态的进程，这是调度器或分派器的工作。

4．运行→就绪

运行态转换为就绪态最常见的原因是：正在运行的进程到达了"允许不中断执行"的最大时间段，实际上所有多道程序操作系统都实行了这类时间限定。这类转换还有很多其他原因，例如操作系统给不同进程分配不同的优先级，优先级高的进程抢占优先级低的进程，但这不适用于所有的操作系统。还有一种情况是：进程自愿释放对处理器的控制，例如一个周期性的进行记账和维护的后台进程。

5．运行→阻塞

如果操作系统被进程请求必须等待某些事件，那么该进程则进入阻塞态。对操作系统的请求通常以系统调用的形式发出。例如，进程可能请求操作系统的一个服务，但操作系统无法立即予以服务，即请求了一个无法立即得到的资源，如文件或虚拟内存中的共享区域；或者也可能需要进行某种初始化的工作，如 IO 操作所遇到的情况，并且只有在该初始化动作完成后才能继续执行。当进程互相通信，一个进程等待另一个进程提供输入时，或者等待来自另一个进程的信息时，进程都可能被阻塞。

6．阻塞→就绪

当所等待的事件发生时，处于阻塞态的进程转换到就绪态。

7．就绪→退出

为了清楚起见，图 4-2 进程模型图中并未表示这种转换。在某些系统中，父进程可以

在任何时刻终止一个子进程。如果一个父进程终止，那么与该父进程相关的所有子进程都将被终止。

8．阻塞→退出

阻塞态转换为退出态与就绪态转换为退出态类似。

4.1.4 进程启动

从磁盘加载到 Linux 系统内存中并被执行，一个程序大致经过 7 个阶段，如图 4-3 所示。

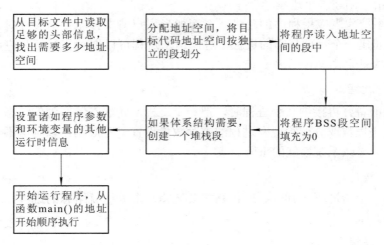

图 4-3　进程加载流程

C 程序总是从函数 main()开始执行，其函数原型如下：

```
int main(int argc, char *argv[]);
```

其中，参数 argc 是命令行参数的数目；参数 argv 是指向命令行参数构成的数组。当内核执行 C 程序时，在调用函数 main()之前会先调用一个特殊的启动例程。可执行程序文件将此启动例程指定为程序的起始地址——这是由连接器设置的，而连接器则由 C 编译器调用。启动例程从内核取得命令行参数和环境变量值，然后为调用函数 main()做好准备。

4.1.5 进程终止

终止进程的方式有 8 种，其中 5 种为正常终止：

(1) 从函数 main()主动返回。

(2) 调用函数 exit()。

(3) 调用函数_exit()或_Exit()。

(4) 最后一个线程从启动例程返回。

(5) 最后一个线程调用函数 pthread_exit()。

异常终止方式有 3 种：

(1) 调用函数 abort()。

(2) 接到一个信号。

(3) 最后一个线程对线程取消做出响应。

函数_exit()和_Exit()立即进入内核；函数 exit()则先执行一些清理，然后返回内核。其函数原型如下：

```
#include <unistd.h>

 void _exit(int status);

#include <stdlib.h>

void _Exit(int status);
void exit(int status)
```

由于历史原因，函数 exit()总是执行一个标准 IO 的清理关闭操作，对于所有打开流调用函数 fclose()，这造成输出缓冲区中的所有数据都被冲洗(写入到文件中)。

这 3 个退出函数都带一个整型参数，称为终止状态。Linux 系统 Shell 可以检查进程终止的状态。如果调用退出函数时不带终止状态，或函数 main()执行了一个无返回值的 return 语句，或函数 main()没有声明返回类型为整型，则该进程终止状态是未定义的。但是，若函数 main()的返回类型是整型，并且函数 main()执行到最后一条语句时返回(隐式返回)，那么该进程的终止状态是 0。

4.1.6 程序存储空间布局

程序在内存中大致分为五个部分，如图 4-4 所示。

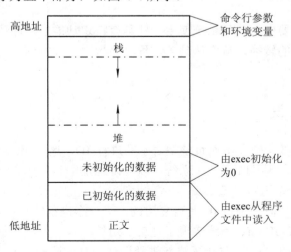

图 4-4 典型程序存储空间布局

1. 正文段

这是 CPU 执行机器指令的部分。通常，正文段是可共享的，所以即使是频繁执行的

程序在存储器中也只需要一个副本。此外，程序段通常是只读的，以防止程序意外修改其指令。

2．已初始化数据段

通常将此段称为数据段，它包含了程序需要明确赋初值的变量。

3．未初始化数据段

通常将此段称为 BSS 段，这一名称来源于早期汇编程序一个操作符，意思是"由符号开始的块"，在程序开始执行之前，内核将此段中的数据初始化为 0 或空指针。

4．堆区

通常在堆中进行动态分配。由于惯例，堆位于未初始化数据段和栈之间。

5．栈区

自动变量以及每次调用函数时所需保存的信息都存放在此段中。每次调用函数时，其返回地址以及调用者的环境信息都存放在栈中，最近被调用的函数在栈上为自动变量和临时变量分配存储空间 C，同递归函数每次使用新的栈帧调用自身，因此一次函数调用实例中的变量就不会影响另一次函数调用实例中的变量。

图 4-4 显示了这些段的一种典型安排方式。这是程序的逻辑布局，并不是程序必须的物理实现。对于 32 位的 Intel x86 处理器上的 Linux 进程，其正文段从 0x08048000 单元开始，栈底在 0xC0000000 之下开始(在这种特定的结构中，栈从高地址向低地址方向增长)。堆顶和栈底之间未使用的虚地址空间很大。

从图 4-4 中还可注意到，未初始化数据段内容并不存放在程序文件中。其原因是，内核在程序运行前将它们都设置为 0，只有正文段和初始化数据段存放在磁盘文件上。

4.2 进程控制

进程控制的主要任务就是系统使用一些具有特定功能的程序段来创建、撤销进程以及完成进程各状态间的转换，从而达到多进程、高效率、并发的执行和协调，实现资源共享的目的。

4.2.1 进程标识

每个进程都有唯一的、用非负整型表示的进程 ID，这个 ID 就是进程标识符。其作用就如同身份证一样，因其唯一性，系统可以准确地定位到每一个进程。进程标识符的类型是 pid_t，本质是一个无符号整数。

虽然是唯一的，但是进程 ID 是可复用的。当一个进程终止后，其 ID 就称为复用的候选者。大多数 UNIX/Linux 系统实现了延迟复用算法，使得赋予新建进程的 ID 不同于最近终止进程所使用的 ID。这防止了将新进程误认为是使用同一 ID 的某个已终止的进程。

一个进程标识符对应唯一一进程，多个进程标识符可以对应同一个程序。所谓程序指的是可运行的二进制代码的文件，把这种文件加载到内存中运行就得到了一个进程。同一个程序文件加载多次就会得到不同的进程。因此进程标识符和进程之间是一一对应的，和程序是多对一的关系，如图 4-5 所示。

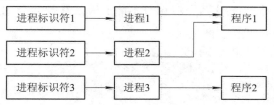

图 4-5 进程标识符与进程和程序的关系

每个进程都有 6 个重要的 ID 值，分别是：

◇ 进程 ID。

◇ 父进程 ID。

◇ 实际用户 ID。

◇ 有效用户 ID。

◇ 实际组 ID。

◇ 有效组 ID。

Linux 系统中，使用函数 getpid()和 getppid()得到进程 ID 及其父进程 ID，其函数原型如下：

```
#include <sys/types.h>
#include <unistd.h>


pid_t getpid(void);
pid_t getppid(void);
```

函数执行成功，返回当前进程的 ID 或父进程的 ID；函数执行失败，则返回 –1。

Linux 系统中，使用函数 getuid()和 geteuid()分别可得到进程实际用户的 ID 和有效用户的 ID，其函数原型如下：

```
#include <sys/types.h>
#include <unistd.h>


uid_t getuid(void);
uid_t geteuid(void);
```

函数执行成功，返回当前进程实际用户的 ID 或有效用户的 ID；函数执行失败，则返回 –1。

Linux 系统中，使用函数 getgid()和 getegid()分别可得到进程实际用户的 ID 和有效用户的 ID，其函数原型如下：

```
#include <sys/types.h>
#include <unistd.h>


gid_t getgid(void);
```

gid_t getegid(void);

　　函数执行成功，返回当前进程实际用户的 ID 或有效用户的 ID；函数执行失败，则返回 –1。进程 ID 和父进程 ID 这两个标识符不能更改，其他四个 ID 在适当的条件下可以更改。

　　【示例 4-1】　获取当前进程的 ID 信息。

```c
#include <stdio.h>
#include <stdlib.h>
#include <unistd.h>
#include <sys/types.h>

int main(int argc, char *argv[])
{
        pid_t pid = 0, ppid = 0;
        uid_t uid = 0, euid = 0;
        gid_t gid = 0, egid = 0;

        pid = getpid();
        ppid = getppid();

        uid = getuid();
        euid = geteuid();

        gid = getgid();
        egid = getegid();

        printf("id of current process: %u\n", pid);
        printf("parent id of current process: %u\n", ppid);
        printf("user id of current process: %u\n", uid);
        printf("effective user id of current process: %u\n", euid);
        printf("group id of current process: %u\n", gid);
        printf("effective group id of current process: %u\n", egid);

        return 0;
}
```

　　程序编译运行结果如下：

```
[instructor@instructor 4.2]$ gcc getpid.c -o getpid
[instructor@instructor 4.2]$ ./getpid
id of current process: 13374
parent id of current process: 2568
user id of current process: 1000
```

```
effective user id of current process: 1000

group id of current process: 1000

effective group id of current process: 1000

[instructor@instructor 4.2]$ chmod u+s getpid

[instructor@instructor 4.2]$ su -

Password:

Last login: Wed Jan 20 16:55:47 CST 2016 on pts/1

[root@instructor ~]# /home/instructor/Code/4.2/getpid

id of current process: 13434

parent id of current process: 13400

user id of current process: 0

effective user id of current process: 1000

group id of current process: 0

effective group id of current process: 0
```

4.2.2　进程创建

进程是 Linux 系统中最基本的执行单位。Linux 系统允许任何一个用户创建一个子进程。创建之后，子进程存在于系统之中，并且独立于父进程。该子进程可以接受系统调度，可以分配到系统资源。系统能检测到它的存在，并且会赋予它与父进程同样的权利。

Linux 系统中，使用函数 fork()可以创建一个子进程，其函数原型如下：

```
#include <unistd.h>


pid_t fork(void);
```

除了 0 号进程以外，任何一个进程都是由其他进程创建的。创建新进程的进程，即调用函数 fork()的进程就是父进程，新创建的进程就是子进程。

函数 fork()不需要参数，返回值是一个进程的 ID。返回值情况有以下三种：

◇　对于父进程，函数 fork()返回新创建的子进程的 ID。

◇　对于子进程，函数 fork()返回 0。由于系统的 0 号进程是内核进程，所以子进程的进程号不可能是 0，由此可以区别父进程和子进程。

◇　如果出错，返回 –1。

【示例 4-2】　使用函数 fork()创建子进程。

```
#include <stdio.h>

#include <stdlib.h>

#include <unistd.h>


int main(int argc, char *argv[])

{

        pid_t pid;
```

```
        pid = fork();

        if( pid < 0 )
        {
                perror("fork()");
                exit(1);
        } else if( pid == 0 )
        {
                printf("this is child, pid is: %u\n",getpid());
        } else
        {
                printf("this is parent,pid is %u, child-pid is: %u\n",getpid(),pid);
        }

        exit(0);

}
```

程序编译运行结果如下：

```
instructor@instructor 4.2]$ gcc fork.c -o fork
[instructor@instructor 4.2]$ ./fork
this is parent,pid is 14038, child-pid is: 14039
this is child, pid is: 14039
[instructor@instructor 4.2]$ ./fork
this is parent,pid is 14043, child-pid is: 14044
this is child, pid is: 14044
```

函数 fork()会创建一个新的进程，并从内核中为此进程得到一个新的可用的进程 ID，之后为这个新进程分配进程空间，并将父进程的进程空间中的内容复制到子进程的进程空间中，包括父进程的数据段和堆栈段，并且和父进程共享代码段。这时候，系统中又多出一个进程，这个进程和父进程一模一样，两个进程都要接受系统的调用。

有两种情况可能会导致函数 fork()的出错：

◇　系统中已经存在太多的进程。

◇　调用函数 fork()的用户进程太多。

一般系统中对每个用户所创建的进程数是有限制的。如果数量不加限制，那么用户可以利用这一缺陷恶意攻击系统。

4.2.3　父子进程

子进程完全复制了父进程地址空间的内容。但它并没有复制代码段，而是和父进程共用代码段。这样做是合理的，由于子进程可能执行不同的流程，因此会改变数据段和堆栈段，但是代码是只读的，不存在被修改的问题，因此可共用。

【示例 4-3】　父子进程资源独立。

```c
#include <stdio.h>
#include <stdlib.h>
#include <unistd.h>

int global;

int main(int argc, char *argv[])
{
        pid_t pid;
        int stack = 1;
        int *heap = NULL;

        heap = (int *)malloc(sizeof(int));
        *heap = 2;

        pid = fork();

        if(pid<0)
        {
                perror("fork()");
                exit(1);
        }else if(pid==0)
        {
                global++;
                stack++;
                (*heap)++;

                printf("the child, data: %d, stack: %d, heap: %d\n",global, stack, *heap);
                exit(0);
        }else
        {
                sleep(2);

                printf("the child, data: %d, stack: %d, heap: %d\n",global, stack, *heap);
                exit(0);
        }

        return 0;
}
```

程序编译运行结果如下：

```
[instructor@instructor 4.2]$ gcc share.c -o share
[instructor@instructor 4.2]$ ./share
the child, data: 1, stack: 2, heap: 3
the child, data: 0, stack: 1, heap: 2
```

由于父进程休眠了 2 秒钟，子进程先于父进程运行，因此不难看出，子进程对于数据段和堆栈段变量的修改并不能影响到父进程的进程环境。

父进程的资源大部分被函数 fork()所复制，只有一小部分资源不同于子进程。子进程继承的资源情况如表 4-1 所示。

表 4-1　子进程继承资源一览表

资　　源	父子进程是否相同	备　　注
进程 ID	否	父子进程是两个独立的进程，调度机会均等
实际用户 ID	是	
实际组 ID	是	
有效用户 ID	是	
有效组 ID	是	
附加组 ID	是	
进程组 ID	是	
父进程 ID	否	子进程的父进程是父进程，父进程的父进程是其他进程
会话 ID	是	
设置用户 ID 标识	是	
设置组 ID 标识	是	
当前工作目录	是	
根目录	是	
文件权限屏蔽字	是	
信号的屏蔽	是	
打开文件的描述符	是	
数据段	是	
代码段	是	
堆段	是	
BSS 段	是	
连接的共享存储段	是	
存储映射	是	
资源限制	是	
tms_utime	否	子进程的 tms_utime 被清零
tms_stime	否	子进程的 tms_stime 被清零
tms_cutime	否	子进程的 tms_cutime 被清零

资　源	父子进程是否相同	备　注
tms_ustime	否	子进程的 tms_ustime 被清零
fork()返回值	否	父进程返回子进程的进程 ID，而子进程返回 0
设置的文件锁	否	文件锁不会继承
未处理的闹钟信号	否	子进程清除未处理的闹钟信号
未决信号集	否	子进程清除未处理的未决信号

现在的 Linux 内核实现函数 fork()时，子进程往往先于父进程共享代码段、数据段和堆栈段，当子进程修改这些共享内容时，内核才会给子进程分配进程空间，将父进程的内容复制过来，然后继续后面的操作，这样的实现更加合理。对于一些只为复制自身完成一些工作的进程来说，这样做的效率会更高。这就是操作系统中的一个重要概念——写时复制。

4.2.4　进程资源回收

当一个进程正常或异常终止时，内核会向其父进程发送 SIGCHLD 信号。因为子进程终止是个异步事件(这可以在父进程运行的任意时刻发生)，所以这种信号也是内核向父进程发的异步通知。父进程可以选择忽略该信号，或者提供一个该信号发生时被调用执行的函数(信号处理程序)。对于这种信号，系统默认动作是忽略它。

Linux 系统提供了函数 wait()和 waitpid()来回收子进程资源，其函数原型如下：

```
#include <sys/types.h>
#include <sys/wait.h>

pid_t wait(int *status);
pid_t waitpid(pid_t, int *status, int options);
```

对于函数 wait()和 waitpid()的调用，可能会有如下两种情况：
◇　如果所有子进程都还在运行，则阻塞。
◇　如果子进程已经终止，等待父进程获取其终止状态，则取得该子进程资源。

4.2.5　进程体替换

使用函数 fork()创建新的子进程后，子进程往往需要调用函数 exec()以执行另一个程序。当进程调用函数 exec()时，该进程执行的程序完全替换为新程序，而新程序则从其函数 main()开始执行。因为调用函数 exec()并不能创建新进程，所以前后的进程 ID 并未改变，函数 exec()只是用磁盘上的一个程序替换了当前进程的正文段、数据段、堆段和栈段。

通常有六种 exec()函数可供使用，它们统称为 exec()函数族，我们可以使用其中任意一个。exec()函数族使得 Linux 系统对进程的控制更加完善。使用函数 fork()创建新进程，使用函数 exec()执行新程序，使用函数 exit()和 wait()终止进程和等待进程终止。exec()函数原型如下：

```
#include <unistd.h>

extern char **environ;

int execl(const char *path, const char *arg, ...);
int execlp(const char *file, const char *arg, ...);
int execle(const char *path, const char *arg,..., char * const envp[]);
int execv(const char *path, char *const argv[]);
int execvp(const char *file, char *const argv[]);
int execve(const char *file, char *const argv[], char *const envp[]);
```

exec()函数族中，函数 execve()是另外五个函数的基础。这些函数的区别包括以下三个方面：

(1) 待执行程序文件是由文件名还是由路径名指定？第一个参数为*file 的由文件名指定，为*path 的由路径名指定。

(2) 新程序的参数是一一列出还是由一个指针数组引用？函数 execl()、execlp()和函数 execle()是将参数一一列出，环境变量却需要引用指针数组；函数 execv()和 execvp()的参数由一个指针数组来引用；函数 execve()的参数用一个指针数组来引用，并用另一个指针数组引用环境变量。

(3) 把调用进程的环境传递给新程序指定的新环境变量：函数 execle()和 execve()为新程序指定新的环境。

【示例 4-4】 使用函数 execl()进行进程体替换。

```
#include <stdio.h>
#include <stdlib.h>
#include <unistd.h>

int main(int argc, char *argv[])
{
        int count = 0;
        pid_t pd = 0;

        if( argc < 2)
        {
                printf("Usage Error!\n");
                exit(1);
        }

        for(count=1;count<argc;count++)
        {
                pd = fork();
```

```c
        if( pd < 0 )
        {
                perror("fork()");
                exit(1);
        } else if( pd == 0 )
        {
                printf("Child Start PID=%d\t*****\n",getpid());
                execl("/bin/ls","ls",argv[count],NULL);
                perror("execl()");
                exit(1);
        } else
        {
                wait();
                printf("Child End PID=%d\t*****\n\n",getpid());
        }
    }

    exit(0);

}
```

程序编译运行结果如下:

```
[instructor@instructor 4.3]$ gcc execl.c -o execl
[instructor@instructor 4.3]$ ./execl
Usage Error!
[instructor@instructor 4.3]$ ./execl /tmp/ /var/log /etc/sysconfig/
Child Start PID=30249 *****
linkdirectory.c  systemd-private-5ip0ZM systemd-private-jjM5G1
systemd-private-zb54sx    yum_save_tx.2016-01-18.09-09.6tFkLW.yumtx
......
Child End PID=30248 *****

Child Start PID=30250 *****
anaconda  cron-20151123.gz  dmesg.old maillog-20151201.gz    messages-20151123.gz  pm-powersave.log
secure-20151201.gz  tallylog
......
Child End PID=30248 *****

Child Start PID=30251 *****
atd  cpupower    grub     kernel      netconsole pluto       rpcbind selinux virtlockd
```

......
Child End PID=30248 *****

4.2.6　调用命令行

Linux 系统中可以使用函数 system()调用 Shell 命令，其函数原型如下：

```
#include <stdlib.h>

int system(const char *command);
```

参数 command 是需要执行 Shell 命令的。函数 system()的返回值情况比较复杂，函数 system 是一个库函数，其中封装了函数 fork()、exec()和 waitpid()，其返回值也要根据这三个函数来加以区分。

如果函数 fork()或 waitpid()执行失败，函数 system()返回 –1。

如果函数 exec()执行失败，函数 system()的返回值与 Shell 调用的 exit()的返回值一样，表示指定文件不可执行。

如果三个函数都执行成功，函数 system()返回执行程序的终止状态，其值和命令 "echo $?" 的值是一样的。

如果参数 command 所指向的字符串为 NULL，函数 system()返回 1，这可以用来测试当前系统是否支持函数 system。对于 Linux 系统而言，这种测试没有必要，因为 Linux 系统全部支持函数 system()。

函数 sysetem()的执行效率比较低：在函数 system()中要两次调用函数 fork()和 exec()，第一次加载 Shell 程序，第二次加载需要执行的程序(这个程序由 Shell 负责加载)。但是对比直接使用函数 fork()+exec()的方法，函数 system()虽然在效率上比较低，却有以下优点：

◇ 函数 system()添加了出错处理操作。

◇ 函数 system()添加了信号处理操作。

◇ 函数 system()调用了 wait()函数，保证不会出现僵尸进程。

【示例 4-5】 使用函数 system()调用系统命令行。

```
#include <stdio.h>
#include <stdlib.h>
#include <unistd.h>
#include <apue.h>
int main(int argc, char **argv[])
{
        char *command = NULL;
        int flag = 0;

        command = (char *)malloc(1024*sizeof(char));
        memset(command, 0, 1024*sizeof(char));
```

```
        while(1)
        {
                printf("my-cmd@ ");

                if(fgets(command,100,stdin)!=NULL)
                {
                        if(strcmp(command,"exit\n")==0)
                        {
                                puts("quit sccessful!");
                                break;
                        }

                        flag = system(command);

                        if(flag==-1)
                        {
                                perror("fork()");
                                exit(1);
                        }
                        memset(command,0,100);
                }
        }

        free(command);
        command = NULL;

        exit(0);

}
```

程序编译运行结果如下：

```
[instructor@instructor 4.3]$ ./system
my-cmd@ who
instructor :0          2016-01-21 10:53 (:0)
instructor pts/0       2016-01-27 10:41 (:0)
instructor pts/1       2016-01-27 10:46 (:0)
my-cmd@ pwd
/home/instructor/Code/4.3
my-cmd@ ls /etc/init.d
functions  netconsole  network README
```

```
my-cmd@ whoareyou
sh: whoareyou: command not found
my-cmd@ exit
quit sccessful!
```

4.3 进程间通信

进程间通信(Interprocess Communication，IPC)是一个描述两个进程彼此交换信息的通用术语。一般情况下，通信的两个进程既可以运行在同一台机器上，也可以运行在不同的机器上。进程间的通信是数据的交换，两个或多个进程合作处理数据或同步信息，以帮助两个彼此独立但相关联的进程调度工作，避免重复工作。

4.3.1 管 道

管道是 Linux 系统中比较原始的进程间的通信形式，它使得数据以一种数据流的方法在多个进程之间流动。管道相当于文件系统上的一个文件，用来缓存所要传输的数据，但在某些特性上又不同于文件，例如，当数据读出后，管道中的数据就没有了，但文件就没有这个特性。

管道有时也被称为匿名管道，顾名思义是没有名字的管道。管道使用的文件描述符没有路径名，也就是不存在实际意义上的文件。它们只是内存中跟某个索引节点相关联的两个文件描述符。管道的限制如下：

　　◇　工作方式为半双工模式，数据只能在一个方向上流动。

　　◇　只能在具有公共祖先的进程间通信，即只能在父子或兄弟关系进程间通信。

尽管有如此限制，管道还是最常用的通信方式。Linux 环境下使用函数 pipe()创建一个匿名半双工管道，其函数原型如下：

```
#include <unistd.h>

int pipe(int fd[2]);
```

参数 fd 是一个长度为 2 的文件描述符数组，fd[0]是读出端，fd[1]是写入端，函数的返回值为 0 表示成功，为 –1 表示失败。当函数返回成功，则表明自动维护了一个从 fd[1]到 fd[0]的数据通道。

单独操作一个进程管道是没有任何意义的，管道的应用一般体现在父子进程或者兄弟进程之间的通信上。如果要建立一个父进程到子进程的数据通道，需要先调用函数 pipe()，紧接着调用函数 fork()，由于子进程自动继承父进程的数据段，则子进程同时拥有管道的操作权，此时管道的方向取决于用户怎么维护该管道，管道示意图如图 4-6(a)所示。

当用户想要一个父进程到子进程的数据通道时，需要先在父进程中关闭管道的读出端，然后相应地在子进程中关闭管道的输出端，如图 4-6(b)所示；相反，当维护子进程到父进程的数据通道时，则需要在父进程中关闭输出端，在子进程中关闭读入端即可。总之，使用函数 pipe()和 fork()创建子进程，维护父子进程中管道的数据方法是：在父进程中向子进程发送消息，在子进程中接受消息。

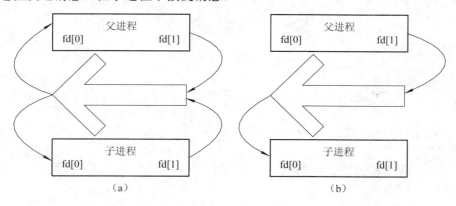

图 4-6　管道示意图

【示例 4-6】　管道通信实例。

```c
#include <stdio.h>
#include <stdlib.h>
#include <unistd.h>
#include <fcntl.h>
#include <sys/stat.h>
#include <sys/types.h>
#include <string.h>

typedef int fid_t;


int main(int argc, char *argv[])
{
    fid_t fd[2];
    pid_t pd = 0;
    char *buf = NULL;
    int len = 0;

    buf = (char *)malloc(1024*sizeof(char));
    memset(buf,0,1024*sizeof(char));

    if( pipe(fd) < 0 )
    {
        perror("pipe()");
        exit(1);
```

```
    }

    pd = fork();

    if( pd < 0 )
    {
        perror("fork");
        exit(1);
    } else if( pd == 0 )
    {
        close(fd[0]);

        write(fd[1],"Hello,Parent!\n",sizeof("Hello,Parent!\n"));
    } else
    {
        close(fd[1]);

        len = read(fd[0],buf,1024);
        if( len < 0 )
        {
            perror("read()");
            exit(1);
        } else
        {
            printf("%s",buf);
        }

        wait();
    }

    exit(0);
}
```

程序编译运行结果如下：

```
[instructor@instructor 4.3]$ ./pipe
Hello,Parent
```

4.3.2 FIFO

FIFO(First Input First Output)是一种文件类型，在文件系统中可以看到。通过 FIFO，不相关的进程也能交换数据。

FIFO 的通信方式类似于在进程中使用文件类传输数据，只不过 FIFO 类型的文件同时具有管道的特性，在数据读出时，FIFO 中同时清除了数据。

创建 FIFO 类似于创建文件，FIFO 就像普通文件一样，也可以通过路径名进行访问。Linux 系统提供了函数 mkfifo()，用于创建 FIFO，函数原型如下：

```
#include <fcntl.h>
#include <sys/types.h>
#include <sys/stat.h>


int mkfifo(const char *pathname, mode_t mode);
int mkfifoat(int dirfd, const char *pathname, mode_t mode);
```

函数 mkfifo()中参数 mode 的规格说明与函数 open()中的参数 mode 的规格说明相同。函数 mkfifoat()和函数 mkfifo()相似，但是函数 mkfifoat()可以被用来在文件描述符 dirfd 表示的目录相关位置创建一个有名管道，有以下三种情形：

(1) 如果参数 pathname 指定的是绝对路径名，则参数 dirfd 会被忽略掉，并且函数 mkfifoat()的行为和函数 mkfifo()的行为类似。

(2) 如果参数 pathname 指定的是相对路径名，则参数 dirfd 是一个打开目录的有效文件描述符，路径名和目录相关。

(3) 如果参数 pathname 指定的是相对路径，并且参数 dirfd 是一个特殊值 AT_FDCWD，则路径名以当前目录开始，函数 mkfifoat()和 mkfifo()类似。

当使用函数 open()打开一个有名管道时，非阻塞标识(O_NONBLOCK)会产生下列影响：

◇ 在一般情况下(没有指定 O_NONBLOCK)，只读 open()要阻塞到某个进程为写而打开这个 FIFO 为止；类似的，只写 open()要阻塞到某个其他进程为读而打开它为止。

◇ 如果指定了 O_NONBLOCK，则只读立即返回；但是如果没有进程为读而打开一个 FIFO，那么只写 open()将返回 –1，同时将 errno 设置成 ENXIO。

类似于管道，若写一个尚无进程为读而打开的 FIFO，则产生信号 SIGPIPE，若某个 FIFO 的最后一个写进程关闭了该 FIFO，则将为该 FIFO 的读进程产生一个文件结束标志。

【示例 4-7】　进程间通信——读取 FIFO。

```
#include <stdio.h>
#include <stdlib.h>
#include <unistd.h>
#include <fcntl.h>
#include <sys/stat.h>
#include <sys/types.h>
#include <string.h>


#define BUFSIZE 1024
```

```
int main(int argc, char *argv[])
{
    int fd = 0 ;
    char *buf = NULL;

    buf = (char *)malloc(1024*sizeof(char));
    memset(buf, 0, BUFSIZE);

    if(access("/tmp/myfifo", F_OK)<0)
    {
        if(mkfifo("/tmp/myfifo",0666)<0)
        {
            perror("mkfifo()");
            exit(1);
        }
    }

    fd = open("/tmp/myfifo",O_RDONLY);
    if( fd < 0 )
    {
        perror("open");
        exit(1);
    }

    while(read(fd, buf, BUFSIZE)>0)
    {
        printf("read_fifo read: %s",buf);
    }

    free(buf);
    buf = NULL;

    close(fd);

    exit(0);
}
```

【示例 4-8】 进程间通信——写入 FIFO。

```
#include <stdio.h>
#include <stdlib.h>
```

```c
#include <unistd.h>
#include <fcntl.h>
#include <sys/stat.h>
#include <sys/types.h>
#include <string.h>
#include <time.h>

#define BUFSIZE 1024

int main(int argc, char *argv[])
{
        int fd = 0 ;
        int count = 0;
        char *buf = NULL;
        int writeBytes = 0;
        time_t tp;

        buf = (char *)malloc(BUFSIZE*sizeof(char));
        memset(buf, 0, BUFSIZE);

        if(access("/tmp/myfifo", F_OK)<0)
        {
                if(mkfifo("/tmp/myfifo",0666)<0)
                {
                        perror("mkfifo()");
                        exit(1);
                }
        }

        fd = open("/tmp/myfifo",O_WRONLY);
        if( fd < 0 )
        {
                perror("open");
                exit(1);
        }

        for(count=0; count<10; count++)
        {
                time(&tp);
```

```
            writeBytes = sprintf(buf, "write_fifo %d sends %s", getpid(), ctime(&tp));
            printf("Send msg: %s", buf);

            if( write(fd, buf, writeBytes+1) < 0 )
            {
                    perror("write()");
                    close(fd);
                    exit(1);
            }

            sleep(3);
            memset(buf,0, BUFSIZE);

        }

        free(buf);
        buf = NULL;

        close(fd);

        exit(0);
}
```

对于上述示例程序编译运行，其操作步骤如下：

（1）编译程序。

```
[instructor@instructor 4.3]$ gcc fifo_read.c -o fifo_read
[instructor@instructor 4.3]$ gcc fifo_write.c -o fifo_write
```

（2）确定 FIFO 文件是否存在。

```
[instructor@instructor 4.3]$ ls -l /tmp/myfifo
ls: cannot access /tmp/myfifo: No such file or directory
```

（3）执行程序 fifo_read，会发现被阻塞。

```
[instructor@instructor 4.3]$ ./fifo_read
```

（4）另启一终端，执行程序 fifo_write。

```
[instructor@instructor 4.3]$ ./fifo_write
Send msg: write_fifo 50233 sends Wed Jan 27 17:16:09 2016
Send msg: write_fifo 50233 sends Wed Jan 27 17:16:12 2016
......
```

（5）观察程序 fifo_read 所在的终端，其将逐条打印出收到的数据。

```
[instructor@instructor 4.3]$ ./fifo_read
read_fifo read: write_fifo 50233 sends Wed Jan 27 17:16:09 2016
read_fifo read: write_fifo 50233 sends Wed Jan 27 17:16:12 2016
```

......

(6) 等待程序 fifo_read 和 fifo_write 结束后，观察是否产生了 FIFO 文件。

[instructor@instructor 4.3]$ ls -l /tmp/myfifo

prw-rw-r--. 1 instructor instructor 0 Jan 27 17:13 /tmp/myfifo

4.3.3　信　号

信号(SIGNAL)是 Linux 系统响应某些条件而产生的一个事件，是进程间通信的经典方法。当引发信号的事件发生时，为进程产生一个信号，有以下两种情况：

◇　硬件产生，例如按下键盘或其他硬件故障。

◇　软件产生，例如除 0 操作或执行 kill( )函数、raise( )函数等。

一个完整的信号周期包括信号的产生、信号在进程内的注册与注销以及执行信号处理函数三个阶段。进程收到信号后有三种处理方式：

◇　捕捉信号：当信号发生时，进程可执行相应的自定义处理函数。

◇　忽略信号：对该信号不做任何处理，但 SIGKILL 与 SIGSTOP 信号除外。

◇　执行默认操作：Linux 系统对每种信号都规定了默认操作。

信号的定义在头文件<include/signal.h>中，其中 Linux 系统支持的常用信号列表如表4-2 所示。

表 4-2　常见信号一览表

信　号	编　号	信　号　功　能
SIGHUP	1	系统挂断
SIGINT	2	终端中断
SIGQUIT	3	终端退出
SIGILL	4	非法指令
SIGFPE	8	浮点运算
SIGTSTP	20	终端挂起
SIGKILL	9	停止进程
SIGALRM	14	超时警告
SIGSTOP	19	停止执行
SIGPIPE	13	向没有读进程的管道写数据
SIGCHLD	17	子进程已经停止或退出
SIGABRT	6	进程异常终止

1. 函数 kill()

函数 kill()用于向自身或其他进程发送信号，函数原型如下：

```
#include <sys/types.h>
#include <signal.h>
int kill(pid_t pid, int sig);
```

参数 sig 用于指定要发送的信号。参数 pid 用于指定目标进程，设定值如下：

◇　正整数：为要发送信号的进程号。

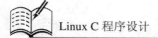

- ✧ 0：信号被发送到与当前进程同一进程组的所有进程。
- ✧ 等于 −1：信号发给所有进程表中的进程。
- ✧ 小于 −1：信号发给进程组号为 -pid 的每个进程。

2. 函数 raise()

函数 raise()用于进程向自身发送信号，其函数原型如下：

```
#include <signal.h>
int raise(int sig);
```

其中，参数 sig 用于指定要发送的信号。

3. 函数 alarm()

函数 alarm()也称为闹钟函数，是专门为信号 SIGALARM 而设的，用于在指定的时间向进程本身发送 SIGALARM 信号，其函数原型如下：

```
#include <unistd.h>

unsigned int alarm(unsigned int seconds);
```

参数 second 用于指定定时的秒数。需要注意的是，一个进程中只能有一个 alarm()函数，调用 alarm()函数之后，其他的 alarm()函数将无效。

4. 函数 pause()

函数 pause()用于将调用进程挂起直至捕捉到信号为止，通常用于判断信号是否到达，其函数原型如下：

```
#include <unistd.h>

int pause(void);
```

5. 函数 signal()

函数 signal()进行信号处理时，需要指出要处理的信号和处理函数信息，其函数原型如下：

```
#include <signal.h>

typedef void (*sighandler_t)(int);
sighandler_t signal(int signum, sighandler_t handler);
```

函数执行成功，返回以前的信号处理配置或者处理函数；执行失败返回 −1。参数 signum 用于指定待响应的信号；参数 handler 为信号处理函数，有以下三种情况：

- ✧ SIG_IGN：忽略该信号。
- ✧ SIG_DFL：默认方式为处理该信号。
- ✧ 自定义信号处理函数指针，返回类型为 void。

6. 函数 sigaction()

函数 sigaction()与函数 signal()功能类似，主要用于定义在接收到信号后应该采取的处理方式，其函数原型如下：

```
#include <signal.h>

int sigaction(int signum, const struct sigaction *act,struct sigaction *oldact);
```

函数执行成功，返回 0，否则返回 −1。参数 signum 用于指定待响应的信号；参数 act 为当前的信号处理结构，是指向 sigaction 结构的指针；参数 oldact 为原来响应信号的处理结构。

函数 sigaction()用到的信号处理为 sigaction 结构，定义如下：

```
struct sigaction
{
        void         (*sa_handler)(int);
        sigset_t     sa_mask;
        int           sa_flags;
        ...
};
```

其中，结构体的关键成员含义如表 4-3 所示。

表 4-3   sigaction 结构一览表

资源	备　　注
sa_handler	指定信号处理函数的指针，可以为 SIG_DFL、SIG_IGN 或自定义处理函数
sa_mask	信号集。在调用处理函数之前，该信号集将被加到进程的信号屏蔽字中
sa_flags	改变信号的标志位 SA_NODEFER，捕获到信号时不将它加入信号屏蔽字中 SA_NOCLDSTOP，子进程停止时不产生 SIGCHLD 信号 SA_RESTART，重启可中断的函数而不提示错误信息 SA_RESETHAND，只执行一次自定义信号的处理，然后恢复信号的默认处理

【示例 4-9】 进程间通信——信号。

```
#include <stdio.h>
#include <stdlib.h>
#include <unistd.h>
#include <signal.h>

typedef void (*sighandler_t)(int);
static void sig_user(int);

int main(int argc, char *argv[])
{
        sighandler_t func = NULL;

        func=signal(SIGUSR1,sig_user);
        func=signal(SIGUSR2,sig_user);
```

```
        while(1)
        {
                sleep(1);
        }
        return 0;
}


static void sig_user(int signo)
{

        if(signo==SIGUSR1)
                printf("received SIGUSR1\n");
        else if(signo==SIGUSR2)
                printf("received SIGUSR2\n");
        else
        {
                printf("received signal %d\n", signo);
                exit(1);
        }


}
```

程序编译运行结果如下：

```
[instructor@instructor 4.3]$ gcc signal.c -o signal
[instructor@instructor 4.3]$ ./signal &
[1] 73522
[instructor@instructor 4.3]$ kill -SIGUSR1 73522
received SIGUSR1
[instructor@instructor 4.3]$ kill -SIGUSR2 73522
received SIGUSR2
[instructor@instructor 4.3]$ kill -9 73522
Killed
```

4.3.4 消息队列

消息队列是消息的链接表，存放在内核中并由消息队列标识符标识。消息队列与 FIFO 有许多相似之处，但少了管道打开文件和关闭文件的麻烦。

消息队列提供了从一个进程向另外一个进程发送数据块的方法。而且，每个数据块都被认为是有一个类型，接收者进程接收的数据块可以有不同的类型值。发送消息几乎可以回避管道上的同步和阻塞问题，现在甚至有了一些预报紧急消息的功能。但消息队列也有与管道一样的不足，就是每个数据块的最大长度是有上限的，系统上全体队列的最大总长度也有一个上限。

X/Open 技术规定了这些上限，但却没有提供检查发现这些上限的办法，只是说明超越这些上限是造成某些消息队列功能失常的原因之一。Linux 系统提供了两个宏——MSGMAX 和 MSGMNB，分别代表了一条消息的最大字节数和一个队列的最大长度。不同系统上的这些宏可能会不一样，甚至可能根本就没有。

1．函数 msgget()

函数 msgget()用于创建和访问一个消息队列，其函数原型如下：

```
#include <sys/types.h>
#include <sys/ipc.h>
#include <sys/msg.h>


int msgget(key_t key, int msgflg);
```

函数 msgget()执行成功，返回消息队列标识符；失败则返回 –1。参数 key 可以用于指定消息队列的名称，其特殊键值 IPC_PRIVATE 的作用是创建一个仅能由本进程访问的私用消息队列；参数 msgflg 用于指定消息队列的访问权限，也由 9 个权限标识构成，用于指定 IPC_CREAT 标识创建一个消息队列，若由参数标识的消息队列已经存在，就返回已有消息队列，忽略 IPC_CREAT 的标识作用。

2．函数 msgsnd()

函数 msgsnd()用于向消息队列中写入一条消息，其函数原型如下：

```
#include <sys/types.h>
#include <sys/ipc.h>
#include <sys/msg.h>


int msgsnd(int msgid, const void *msgp, size_t msgsz, int msgflg);
```

函数 msgsnd()执行成功，返回 0；失败则返回 –1。参数 msgid 用于接收消息队列标识符以明确待写入的消息队列；参数 msgp 是一个由程序员定义的结构指针，该结构用于存放被发送或接收的消息，这个结构的常规形式如下：

```
struct mymsg {
    long mtype;
    char mtext[];
}
```

这个定义仅仅简要说明了消息的第一部分包含了消息类型，它用一个类型为 long 的整数来表示，而消息的剩余部分则是由程序员定义的一个结构，其长度和内容可以是任意的，无须一定是一个字符数组，因此参数 mgsp 的类型是 void*，这样就允许传入任意结构的指针了。结构 mymsg 中的成员 mtext 字段长度可以为零，当对于接收进程所需传递的信息仅通过消息类型就能表示，或只需要知道一条消息本身是否存在时，这种做法就变得非常有用了。

在函数 msgsnd()中，参数 msgsz 指定了参数 msgp 中字段 mtext 包含的字节数；参数 msgflg 是一组标记的位掩码，用于控制函数 msgsnd()的操作，目前只定义了一个标记——IPC_NOWAIT，用于执行一个非阻塞的发送操作。

3. 函数 msgrcv()

函数 msgrcv()用于从指定消息队列中读取以及删除一条消息并将内容复制进 msgp 指向的缓冲区中，其函数原型如下：

```
#include <sys/types.h>
#include <sys/ipc.h>
#include <sys/msg.h>
```

```
ssize_t msgrcv(int msqid, void *msgp, size_t msgsz, long msgtyp, int msgflg);
```

函数 msgrcv()执行成功，返回实际读入缓冲区 msgp 数组 mtext 的字节数；失败则返回 –1。参数 msqid 用于接收消息队列标识符以明确待读取的消息队列；参数 msgp 用于指定接收消息的缓冲区；参数 msgsz 用于指定缓冲区 msgp 字段 mtext 的最大可用空间，若队列中待删除的消息体超过了 msgsz，那么就会从队列中删除消息，并且函数 msgrcv()返回错误 E2BIG。

读取消息的顺序无须与发送时的一致。可以根据参数 msgtyp 的值来选择消息，而这个选择过程是由参数 msgtyp 来控制的，具体如下：

- ◇ 如果参数 msgtyp 等于 0，那么会删除队列中的第一条消息并将其返回给调用进程。
- ◇ 如果参数 msgtyp 大于 0，那么会将队列中第一条 mtype 等于 msgtyp 的消息删除并将其返回给调用进程。通过指定不同的参数 msgtyp，多个进程能够从同一个消息队列中读取消息而不会出现竞争读取同一条消息的情况。比较有用的一项技术是让各个进程选取与自己的进程 ID 匹配的消息。
- ◇ 如果参数 msgtype 小于 0，那么就会将等待消息当成有限队列来处理。队列中 mtype 最小并且其值小于或等于参数 msgtyp 绝对值的第一条消息会被删除并返回给调用进程。

4. 函数 msgctl()

函数 msgctl()用于在指定消息队列中完成相应的控制操作，其函数原型如下：

```
#include <sys/types.h>
#include <sys/ipc.h>
#include <sys/msg.h>
```

```
int msgctl(int mgqid, int cmd, struct msqid_ds *buf);
```

参数 cmd 指定了需要在队列上执行的操作，其取值会是下列值之一：

- ◇ IPC_RMID：立即删除消息队列对象及其关联的 msqid_ds 数据结构；队列中所有剩余的消息全部丢失，所有被阻塞的读写进程会立即唤醒，函数 msgsnd()和 msgrcv()会失败并返回错误 EIDRM；这个操作会忽略传递给 msgctl 的第三个参数 buf。
- ◇ IPC_STAT：将与这个消息队列关联的 msqid_ds 数据结构的副本放到由参数 buf 指向的缓冲区中。
- ◇ IPC_SET：使用缓冲区 buf 提供的值更新与这个消息队列关联的 msgid_ds 结

构中被选中的字段。

每个消息队列都有一个与之相关联的 msqid_ds 结构，用于控制该消息队列的行为，其形式如下：

```
struct msqid_ds {
        struct ipc_perm msg_perm;      /* Ownership and permissions */
        time_t          msg_stime;     /* Time of last msgsnd(2) */
        time_t          msg_rtime;     /* Time of last msgrcv(2) */
        time_t          msg_ctime;     /* Time of last change */
        unsigned long   __msg_cbytes; /* Current number of bytes in queue (nonstandard) */
        msgqnum_t       msg_qnum;      /* Current number of messages in queue */
        msglen_t        msg_qbytes;   /* Maximum number of bytes allowed in queue */
        pid_t           msg_lspid;    /* PID of last msgsnd(2) */
        pid_t           msg_lrpid;    /* PID of last msgrcv(2) */
};
```

【示例 4-10】 进程间通信——读取消息队列。

```
#include <stdio.h>
#include <stdlib.h>
#include <unistd.h>
#include <string.h>
#include <sys/types.h>
#include <sys/ipc.h>

#define MAX_TEXT 1024

typedef struct
{
        long mytype;
        char msg_text[MAX_TEXT];
} Mymsg;

int main(int argc, char *argv[])
{
        int running = 1;
        int msgid;
        Mymsg message;

        msgid = msgget( (key_t) 12345, 0666 | IPC_CREAT );
        if( msgid == -1 )
        {
                perror("msgget()");
```

```
                exit(1);
        }

        while(running)
        {
                memset(message.msg_text, 0, MAX_TEXT);

                if(msgrcv(msgid, (void *)&message, MAX_TEXT, 0, 0)==-1)
                {
                        perror("msgrcv()");
                        exit(1);
                }

                printf("receive message: %s", message.msg_text);

                if(strncmp(message.msg_text, "end", 3)==0)
                {
                        running = 0;
                }

        }

        if(msgctl(msgid, IPC_RMID, 0)==-1)
        {
                perror("msgctl()");
                exit(1);
        }

        exit(0);
}
```

【示例 4-11】 进程间通信——写入消息队列。

```
#include <stdio.h>
#include <stdlib.h>
#include <unistd.h>
#include <string.h>
#include <sys/types.h>
#include <sys/ipc.h>

#define MAX_TEXT 1024
```

```
typedef struct
{
        long mytype;
        char msg_text[MAX_TEXT];
} Mymsg;

int main(int argc, char *argv[])
{
        int running = 1;
        int msgid;
        Mymsg message;

        msgid = msgget( (key_t) 12345, 0666 | IPC_CREAT );
        if( msgid == -1 )
        {
                perror("msgget()");
                exit(1);
        }

        while(running)
        {
                printf("Enter the message to send: ");

                memset(message.msg_text, 0, MAX_TEXT);
                fgets(message.msg_text, MAX_TEXT, stdin);

                if(msgsnd(msgid, (void *)&message, MAX_TEXT, 0)==-1)
                {
                        perror("msgsnd()");
                        exit(1);
                }

                if(strncmp(message.msg_text, "end", 3)==0)
                {
                        running = 0;
                }
        }

        exit(0);
}
```

上述示例代码完成之后编译运行，详细操作步骤如下：

(1) 编译程序。

```
[instructor@instructor 4.3]$ gcc msg_receive.c -o msg_receive
[instructor@instructor 4.3]$ gcc msg_send.c -o msg_send
```

(2) 执行程序 msg_receive，会发现其被阻塞。

```
[instructor@instructor 4.3]$ ./msg_receive
```

(3) 另开启一终端，执行程序 msg_send。

```
[instructor@instructor 4.3]$ ./msg_send
Enter the message to send: Hello, World!
Enter the message to send: Linux C Programe Course!
Enter the message to send: end
```

(4) 观察程序 msg_receive 所在终端。

```
receive message: Hello, World!
receive message: Linux C Programe Course!
receive message: end
```

4.3.5 信号量

System V 信号量(本章节中简称信号量)与已经介绍的 IPC 机制(管道、FIFO 以及消息队列)不同，信号量不是用来传递进程间数据的，而是用于同步进程动作的。信号量的一个常见用途是对同一块共享内存的访问进行同步，以防止出现一个进程在访问共享内存的同时另一个进程更新这块内存的情况。

为了获得共享资源，进程需要执行下列操作：

(1) 测试控制该资源的信号量。

(2) 若信号量的值为正，则进程可以使用该资源，这种情况下，进程会将信号量的值减 1，表示它使用了一个资源单位。

(3) 若信号量的值为负，则进程进入休眠状态，直至信号量值大于 0；进程被唤醒后，返回步骤(1)。

(4) 当进程不再使用由一个信号量控制的共享资源时，该信号量增 1；如果有进程正在休眠等待此信号量，则唤醒它们。

为了正确实现信号量，信号量值的测试及减 1 操作应当是原子操作，为此，信号量通常是在内核中实现的。

常用的信号量形式被称为二元信号量，它控制单个资源，其初始值为 1。但是一般而言，信号量的初值可以是任意一个正值，该值表明有多少个共享资源单位可共享应用。

1. 函数 semget()

函数 semget()用于创建一个新信号量集或获取一个既有集合的标识符，其函数原型如下：

```
#include <sys/types.h>
#include <sys/sem.h>
#include <sys/ipc.h>
```

```
int semget(key_t key, int nsems, int semflg);
```

函数 semget()执行成功，返回新信号量集或既有信号量集的标识符，后续引用单个信号量的系统调用必须要同时指定信号量集标识符和信号量在集合中的序号，一个集合中的信号量从 0 开始计数；执行失败则返回 –1。

参数 key 用于指定信号量集的名称，其特殊键值 IPC_PRIVATE 的作用是创建一个仅能由本进程访问的私用信号量集。

参数 semflg 用于指定信号量集的访问权限，由 9 个权限标识构成。通过指定的 IPC_CREAT 标志来创建一个消息队列，若由参数标识的信号量集已经存在，就返回已有信号量集，忽略 IPC_CREAT 的标识作用。

2. 函数 semctl()

函数 semctl()用于在一个信号量集或集合中的单个信号量上执行各种操作控制，其函数原型如下：

```
#include <sys/types.h>
#include <sys/ipc.h>
#include <sys/sem.h>

int semctl(int semid, int semnum, int cmd, …);
```

参数 semid 是操作所施加的信号量集的标识符。对于那些在单个信号量上执行的操作，参数 semnum 标识出了集合中的具体信号量，对于其他操作则会忽略这个参数，并且可以将其设置为 0。参数 cmd 指定了需执行的控制操作，常规控制操作如下：

- ✧ IPC_RMID：立即删除信号量集及其相关联的 semid_ds 数据结构。所有因在函数 semop()调用中等待这个集合中的信号量而阻塞的进程都会立即被唤醒，函数 semop()会报告错误 EIDRM，这个操作无需参数。
- ✧ IPC_STAT：在所指向的缓冲区中放置一份与这个信号量相关联的 semid_ds 数据结构的副本。
- ✧ IPC_SET：使用所指向的缓冲区中的值来更新与这个信号量集相关联的 semdi_ds 数据结构中选中的字段。
- ✧ GETVAL：函数返回由 semid 指定的信号量集中第 semnum 个信号量的值，这个操作无需参数。
- ✧ SETVAL：将由 semid 指定的信号量集中第 semnum 个信号量的值初始化为 arg.val。
- ✧ GETALL：获取由 semid 指向的信号量，集中所有信号量的值并将它们存放在 arg.array 指向的数组中。
- ✧ SETALL：使用 arg.array 指向的数组中的值初始化 semid 指向的集合中的所有信号量。这个操作将忽略参数 semnum。

每个信号量集都有一个关联的 semid_ds 数据结构，其形式如下：

```
struct semid {
    unsigned short sem_num;  /* semaphore number */
```

```
        short         sem_op;    /* semaphore operation */
        short         sem_flg;  /* operation flags */
}
```

3. 函数 semop()

函数 semop()用于在 semid 标识的信号量集中的信号量上执行一个或多个操作，其函数原型如下：

```
#include <sys/types.h>
#include <sys/ipc.h>
#include <sys/sem.h>

int semop(int semid, struct sembuf *sops, unsigned int nsops);
```

参数 sops 是一个指向数组的指针，数组中包含了需要执行的操作；参数 nsops 给出了数组的大小(数组至少包含一个元素)。操作将会按照在数组中的顺序以原子的方式被执行。参数 sops 数组元素的结构形式如下：

```
struct sembuf {
        unsigned short sem_num;  /* semaphore number */
        short         sem_op;    /* semaphore operation */
        short         sem_flg;  /* operation flags */
}
```

字段 sem_num 标识出了要操作的信号量；字段 sem_op 指定了要执行的操作：

◇ 若 sem_op 大于 0，那么就将 sem_op 的值加到信号量上，其结果是其他等待减小信号量值的进程可能会被唤醒并执行它们的操作。调用进程必须要具备在信号量上的修改权限。

◇ 若 sem_op 等于 0，那么就对信号量值进行检查以确定它当前是否等于 0。如果等于 0，那么操作将立即结束；否则函数 semop()就会阻塞直到信号量值变成 0 为止。调用进程必须要具备在信号量上的读权限。

◇ 如果 sem_op 小于 0，那么就将信号量值减去 sem_op。如果信号量的当前值大于或等于 sem_op 的绝对值，那么操作会立即结束；否则函数 semop()会阻塞直到信号量增长到在执行操作之后不会导致出现负值的情况为止。调用进程必须要具备在信号量上的修改权限。

从语义上讲，增加信号量值对应于使一种资源变得可用以便其他进程可以使用它，而减小信号量值则对应于预留进程需使用的资源。在减小一个信号量值时，如果信号量的值太低——即其他一些进程已经预留了这个资源，那么操作就会阻塞。

当函数 semop()阻塞时，进程会保持阻塞，直到发生下列情况为止：

◇ 另一个进程修改了信号量值使得待执行的操作能够继续向前。

◇ 一个信号中断了 semop()调用，这种情况下会返回错误码 EINTR。

◇ 另一个进程删除了 semid 引用的信号量，这种情况下会返回错误码 EIDRM。

【示例 4-12】 进程间通信——读取信号量。

```
#include <stdio.h>
```

```c
#include <stdlib.h>
#include <unistd.h>
#include <sys/types.h>
#include <sys/ipc.h>
#include <sys/sem.h>

int main(int argc, char *argv[])
{

        int semid = 0;
        int count = 0;
        pid_t pd = 0;
        struct sembuf sops;

        semid = semget((key_t)12345, 3, 0666|IPC_CREAT);
        if(semid==-1)
        {
                perror("semget()");
                exit(1);
        }

        printf("begin fork()\n");

        for(count=0; count<3; count++)
        {
                pd = fork();

                if( pd < 0 )
                {
                        perror("fork()");
                        exit(1);
                }

                if( pd == 0 )
                {
                        printf("child[%d] create!\n", getpid());

                        sops.sem_num = count;
                        sops.sem_op = -1;
                        sops.sem_flg = 0;
```

```
                if(semop(semid, &sops, 1)==-1)
                {
                        perror("semop()");
                        exit(1);
                }

                printf("child[%d] exit!\n", getpid());

                exit(0);
            }
        }

    exit(0);
}
```

【示例 4-13】 信号量方式进程间通信——写入信号量。

```
#include <stdio.h>
#include <stdlib.h>
#include <unistd.h>
#include <string.h>
#include <sys/types.h>
#include <sys/ipc.h>
#include <sys/sem.h>

int main(int argc, char *argv[])
{
    int semid = 0;

    struct sembuf sops;

    if( argc != 2 )
    {
            printf("sem_send: usage error;\n");
            exit(1);
    }

    semid = semget((key_t)12345, 3, 0666|IPC_CREAT);
    if(semid==-1)
    {
            perror("semget()");
            exit(1);
    }
```

```
        if( strncmp(argv[1], "0", 1) == 0 )
        {
                sops.sem_num = 0;
        } else if( strncmp(argv[1], "1", 1) == 0 )
        {
                sops.sem_num = 1;
        } else if( strncmp(argv[1], "2", 1) == 0)
        {
                sops.sem_num = 2;
        } else
        {
                printf("argument: count error;\n");
                exit(1);
        }

        sops.sem_op = 1;
        sops.sem_flg = SEM_UNDO;

        if(semop(semid, &sops, 1)==-1)
        {
                perror("semop()");
                exit(1);
        } else
        {
                printf("semop(%d) over.\n", sops.sem_num);
        }

        exit(0);
}
```

上述示例代码完成之后编译运行，详细操作步骤如下：

(1) 编译程序。

```
[instructor@instructor 4.3]$ gcc sem_receive.c -o sem_receive
[instructor@instructor 4.3]$ gcc sem_send.c -o sem_send
```

(2) 执行程序 sem_receive，并确认其创建的子进程。

```
[instructor@instructor 4.3]$ ./sem_receive
 [instructor@instructor 4.3]$ ./sem_receive
begin fork()
child[60617] create!
child[60618] create!
```

```
child[60619] create!
[instructor@instructor 4.3]$ ps aux | grep sem_receive
instruc+ 60617 0.0 0.0    4164    84 pts/2   S   16:28 0:00 ./sem_receive
instruc+ 60618 0.0 0.0    4164    84 pts/2   S   16:28 0:00 ./sem_receive
instruc+ 60619 0.0 0.0    4164    84 pts/2   S   16:28 0:00 ./sem_receive
instruc+ 60624 0.0 0.0 112640 960 pts/2   R+ 16:28 0:00 grep sem_receive
```

(3) 另开启一终端，执行程序 sem_send，同时观察程序 sem_receive 所在终端。

```
[instructor@instructor 4.3]$ ./sem_send 0
semop(0) over.
[instructor@instructor 4.3]$ child[60617] exit! ##sem_receive所在终端
[instructor@instructor 4.3]$ ps aux | grep sem_receive
instruc+ 60618 0.0 0.0    4164    84 pts/2   S   16:28 0:00 ./sem_receive
instruc+ 60619 0.0 0.0    4164    84 pts/2   S   16:28 0:00 ./sem_receive
instruc+ 60624 0.0 0.0 112640 960 pts/2   R+ 16:28 0:00 grep sem_receive
```

(4) 重复步骤(3)，发送不同的数字，同时观察程序 sem_receive 所在终端。

```
[instructor@instructor 4.3]$ ./sem_send 1
[instructor@instructor 4.3]$ child[60618] exit! ##sem_receive所在终端
[instructor@instructor 4.3]$ ps aux | grep sem_receive
instruc+ 60619 0.0 0.0    4164    84 pts/2   S   16:28 0:00 ./sem_receive
instruc+ 60624 0.0 0.0 112640 960 pts/2   R+ 16:28 0:00 grep sem_receive
```

4.3.6　共享内存

System V 共享内存(本章节中简称共享内存)允许两个或多个进程共享物理内存的同一块区域(通常称为段)。由于一个共享内存段会成为一个进程用户控件内存的一部分，因此这种 IPC 机制无需内核介入，需要做的是让一个进程将数据复制进共享内存，并且这部分数据会对其他所有共享同一个段的进程可用。与管道或消息队列要求发送进程将数据从用户空间的缓冲区复制进内核以及接收进程将数据从内核复制进用户空间的缓冲区做法相比，这种 IPC 技术的速度更快。

共享内存这种 IPC 机制不由内核控制，意味着通常需要通过某种同步方法使得进程不会出现同时访问共享内存的情况(如两个进程同时执行更新操作或者一个进程在从共享内存中获取数据的同时另一个进程正在更新这些数据)。信号量就是用来完成这种同步的一种方法。

使用共享内存通常需要遵循下述步骤：

(1) 调用函数 shmget()创建一个新共享内存段或取得一个既有共享内存段的标识符。

(2) 调用函数 shmat()附上共享内存段，即使该段是调用进程的虚拟内存的一部分。

(3) 此刻在程序中可以像对待其他可用内存那样对待这个共享内存段。为引用这块共享内存，程序需要使用由 shmat()调用返回的 addr 值，它是一个指向进程的虚拟地址空间中该共享内存段起点的指针。

(4) 调用函数 shmdt()分离共享内存段。调用之后，进程无法再引用这段共享内存。这一步是可选的，并且在进程终止时会自动完成这一步。

(5) 调用函数 shmctl()删除共享内存段。只有当目前所有附加内存段的进程都与之分离后，内存段才能被销毁。只有一个进程需要执行这一步。

1. 函数 shmget()

函数 shmget()用于创建一个新的共享内存段或获取一个既有段的标识符，新创建的共享内存段的内容会被初始化为 0，其函数原型如下：

```
#include <sys/ipc.h>
#include <sys/shm.h>

int shmget(key_t key, size_t size, int shmflg);
```

参数 key 用于指定共享内存段的名称，其特殊键值 IPC_PRIVATE 的作用是创建一个仅能由本进程访问的私用共享内存段；参数 size 用于指定共享内存段分配所需的字节数，内核是以系统分页大小的整数倍来分配共享内存的，因此实际上 size 会被提升到最近的系统分页大小的整数倍；参数 shmflg 执行的任务与在其他 IPC get 调用中执行的任务一样，即指定施加于新共享内存段上的权限或需要检查的既有内存段的权限。

2. 函数 shmat()

函数 shmat()将共享内存段附加到调用进程的虚拟地址空间中，其函数原型如下：

```
#include <sys/types.h>
#include <sys/shm.h>

void *shmat(int shmid, const void *shmaddr, int shmflg);
```

参数 shmaddr 和 shmflg(位掩码 SHM_RND)的设置控制着共享内存段是如何被附加上去的：

(1) 如果 shmaddr 为 NULL，那么共享内存段附加到内核所选择的一个合适的地址处，这是最优选择的方法。

(2) 如果 shmaddr 不是 NULL 并且没有设置 SHM_RND，那么段会附加到由 shmaddr 指定的位置处，它必须是系统分页大小的一个倍数(否则会发生 EINVAL 错误)。

(3) 如果 shmaddr 不是 NULL 并且设置了 SHM_RND，那么段会被映射到 shmaddr 所提供的地址，同时将地址设置为 SHMLBA 的倍数，这个常量等于系统分页大小的某个倍数。将一个段附加到值为 SHMLBA 的倍数的地址处，这在一些架构上是有必要的，因为这样才能够提升 CPU 的快速缓冲性能和防止出现同一个段的不同附加操作在 CPU 快速缓冲区中存在不一致的视图情况。

不推荐参数 shmaddr 指定一个非 NULL 值，原因如下：

◇ 它降低了一个应用程序的可移植性。一个在 Linux 系统上有效的地址，在另一个系统上可能是无效的。

◇ 试图将一个共享内存段附加到一个正在使用的特定地址处的操作会失败。例如，当一个应用程序已经在该地址处附加了另一个段或创建一个内存映射时，就会发生这种情况。

函数 shmat()的返回结果是附加共享内存段的地址，开发人员可以像对待普通的 C 指针那样对待这个值，段与进程的虚拟内存的其他部分毫无差异。通常会将函数 shmat()返回值赋给一个由程序员定义的结构指针，以便在该段上设定该结构。

要附加一个共享内存段以供只读访问，那么就需要在参数 shmflg 中指定 SHM_RONLY 标记。试图更新只读段中的内容会导致段错误(SIGSEGV 信号)的发生。如果没有指定 SHM_RDONLY，那么可以读取内存又可以修改内存。

一个进程要附加一个共享内存段需要在该段上具备读和写的权限，除非指定了 SHM_RDONLY 标记——这样的话就只需要具备读权限即可。

3. 函数 shmdt()

一个进程不再需要访问一个共享内存段时，可以调用函数 shmdt()将该段分离出其虚拟地址空间，函数原型如下：

```
#include <sys/types.h>
#include <sys/shm.h>


int shmdt(const void *shmaddr);
```

参数 shmaddr 标识出了待分离的段，它是之前调用函数 shmat()返回的一个值。通过函数 fork()创建的子进程会继承其父进程附加的共享内存段，因此，共享内存为父进程和子进程之间的通信提供了一种简单的 IPC 方法。

【示例 4-14】 进程间通信——读取共享内存。

```
#include <stdio.h>
#include <stdlib.h>
#include <unistd.h>
#include <fcntl.h>
#include <sys/ipc.h>
#include <sys/shm.h>
#include <sys/types.h>
#include <sys/stat.h>

int main(int argc, char *argv)
{
    int fd = 0;
    int shmid = 0;
    char *buf;

    fd = open("/etc/passwd", O_RDONLY);
    if( fd < 0 )
    {
        perror("open()");
```

```
                exit(1);
        }

        shmid = shmget((key_t)123456, 4096, 0666|IPC_CREAT);
        if( shmid < 0 )
        {
                perror("shmget()");
                exit(1);
        }

        buf = (char *)shmat(shmid, NULL, 0);
        if( buf == (void *)-1 )
        {
                perror("shmat()");
                exit(1);
        }

        if( read(fd, buf, 1024) == -1 )
        {
                perror("read()");
                exit(1);
        } else
        {
                printf("write successful.\n");
        }

        if( shmdt(buf) == -1)
        {
                perror("shmdt()");
                exit(1);
        }

}
```

【示例 4-15】 进程间通信——写入共享内存。

```
#include <stdio.h>
#include <stdlib.h>
#include <unistd.h>
#include <fcntl.h>
#include <sys/ipc.h>
#include <sys/shm.h>
```

```
#include <sys/types.h>
#include <sys/stat.h>

int main(int argc, char *argv)
{
        int fd = 0;
        int shmid = 0;
        char *buf;

        shmid = shmget((key_t)123456, 4096, 0666|IPC_CREAT);
        if( shmid < 0 )
        {
                perror("shmget()");
                exit(1);
        }

        buf = (char *)shmat(shmid, NULL, 0);
        if( buf == (void *)-1 )
        {
                perror("shmat()");
                exit(1);
        }

        if(strcmp(buf,"")==0)
        {
                printf("read nothing.\n");
        }
        else
        {
                printf("read:%s\n",buf);
        }

        if( shmdt(buf) == -1)
        {
                perror("shmdt()");
                exit(1);
        }

}
```

程序编译运行结果如下：

```
[instructor@instructor 4.3]$ gcc shm_write.c -o shm_write
```

```
[instructor@instructor 4.3]$ gcc shm_read.c -o shm_read
[instructor@instructor 4.3]$ ./shm_write
write successful.
[instructor@instructor 4.3]$ ./shm_read
read:root:x:0:0:root:/root:/bin/bash
bin:x:1:1:bin:/bin:/sbin/nologin
daemon:x:2:2:daemon:/sbin:/sbin/nologin
...
```

4.3.7　内存映射

内存映射大致分为两种。

(1) 文件映射：文件映射将一个文件的一部分直接映射到进程的虚拟内存中。一旦一个文件被映射之后就可以通过在相应的内存区域操作字节来访问文件内容，映射的分页会在需要的时候从文件中(自动)加载，这种映射也被称为基于文件的映射或内存映射文件。

(2) 匿名映射：一个匿名映射没有对应的文件，这种映射的分页会被初始化为 0。

一个进程的映射中的内存可以与其他进程中的映射共享(即各个进程的页表条目指向 RAM 中的相同分页)，这会在两种情况下发生：

◇　当两个进程映射了一个文件的同一个区域时，它们会共享物理内存的相同分页。

◇　通过函数 fork()创建的子进程会继承其父进程的映射的副本，并且这些映射所引用的物理内存分页与父进程中相应映射所引用的分页相同。

当两个或多个进程共享相同分页时，每个进程都有可能会看到其他进程对分页内容作出的变更，当然这要取决于映射是私有的还是共享的。

◇　私有映射(MAP_PRIVATE)：在映射内容上发生的变更对其他进程不可见，对于文件映射来讲，变更将不会在底层文件上进行。

◇　共享映射(MAP_SHARED)：在映射内容上发生的变更对所有共享同一个映射的其他进程都可见，对于文件映射来讲，变更将会发生在底层文件上。

1. 函数 mmap()

函数 mmap()用于在调用进程的虚拟地址空间上创建一个新映射，其函数原型如下：

```
#include <sys/mman.h>

void *mmap(void *addr, size_t length, int prot, int flags, int fd, off_t offset);
```

函数执行成功，返回新映射的起始地址；发生错误时，返回 MAP_FAILED。

参数 addr 指定了映射被放置的虚拟地址，如果 addr 指定为 NULL，那么内核会映射选择一个合适的地址；如果 add 为非 NULL，内核会在选择映射放置在何处时将这个参数值作为一个提示信息来处理。

参数 length 指定了映射的字节数，length 无须是一个系统分页大小的倍数，但内核会以内存页大小为单位来创建映射，因此实际上 length 会被向上提升为分页大小的下一个倍数。

　　参数 port 是一个位掩码，它指定了施加于映射之上的保护信息，其取值为：

◇ PROT_NONE：区域无法访问。

◇ PROT_READ：区域内容可读取。

◇ PROT_WRITE：区域内容可修改。

◇ PROT_EXEC：区域内容可执行。

　　参数 flags 是一个控制映射操作各个方面选项的位掩码，这个掩码只能是下列值之一：

◇ MAP_PRIVATE：创建一个私有映射，区域内容上发生的变更对使用同一进程的其他进程是不可见的。对于文件映射来讲，所发生的变更将不会反映在底层文件上。

◇ MAP_SHARED：创建一个共享映射，区域内容上所发生的变更对使用 MAP_SHARED 特性映射同一区域的进程是可见的。对文件映射来讲，所发生的变更将直接反映在底层文件上。

　　剩余的参数 fd 和 offset 是用于文件映射的。参数 fd 是一个被映射文件的描述符；参数 offset 指定了映射在文件中的起点，它必须是系统分页大小的倍数，要映射整个文件就需要将 offset 指定为 0，并且将 length 指定为文件大小。

2．函数 munmap()

　　函数 munmap()执行的操作与 mmap()相反，即在调用进程的虚拟地址空间中删除一个映射，其函数原型如下：

```
#include <sys/mman.h>


int munmap(void *addr, size_t length);
```

　　函数执行成功返回 0，失败返回 –1。参数 addr 是待解除映射的地址范围的起始地址，必须与一个分页边界对齐；参数 length 是一个非负整数，指定了待解除映射区域的大小。

　　【示例 4-16】 内存映射方式进程间通信——写入信息。

```
#include <stdio.h>
#include <stdlib.h>
#include <unistd.h>
#include <fcntl.h>
#include <string.h>
#include <sys/mman.h>
#include <sys/stat.h>
#include <sys/types.h>

typedef struct
{
    char name[4];
    int age;
```

```
} people;

int main(int argc, char *argv[])
{
        int fd = 0;
        int count = 0;
        people *p_map;
        char temp = 'a';

        fd = open(argv[1], O_CREAT|O_RDWR|O_TRUNC, 0666);
        if( fd < 0 )
        {
                perror("open()");
                exit(1);
        }

        lseek(fd, sizeof(people)*10-1,SEEK_SET);

        if( write(fd, " ", 1) < 0 )
        {
                perror("write()");
                exit(1);
        }

        p_map = (people *)mmap(NULL, 10*sizeof(people),PROT_READ|PROT_WRITE, MAP_SHARED, fd,
0);
        if( p_map == (void *)-1)
        {
                perror("mmap()");
                exit(1);
        }

        close(fd);

        for(count=0; count<10; count++)
        {
                temp += 1;
                memcpy((*(p_map+count)).name, &temp, 2);
                (*(p_map+count)).age = 20 + count;
        }
```

```
        printf("mmap write finished.\n");

        exit(0);
}
```

【示例 4-17】 内存映射方式进程间通信——读取信息。

```
#include <stdio.h>
#include <stdlib.h>
#include <unistd.h>
#include <fcntl.h>
#include <sys/mman.h>

typedef struct
{
        char name[4];
        int age;
} people;

int main(int argc, char *argv[])
{
        int fd = 0;
        int count = 0;
        people *p_map;

        fd = open(argv[1], O_CREAT|O_RDWR, 0666);
        if( fd < 0 )
        {
                perror("open()");
                exit(1);
        }

        p_map = (people *)mmap(NULL, 10*sizeof(people), PROT_READ|PROT_WRITE, MAP_SHARED, fd, 0);
        if( p_map == (void *)-1)
        {
                perror("mmap()");
                exit(1);
        }

        for(count=0; count<10; count++)
        {
                printf("name:%s age:%d\n", (*(p_map+count)).name, (*(p_map+count)).age);
        }
```

```
    munmap(p_map, 10*sizeof(people));

    exit(0);
}
```

程序编译运行结果如下：

```
[instructor@instructor 4.3]$ gcc mmap_write.c -o mmap_write
[instructor@instructor 4.3]$ gcc mmap_read.c -o mmap_read
[instructor@instructor 4.3]$ ./mmap_write shareMem
mmap write finished.
[instructor@instructor 4.3]$ ./mmap_read shareMem
name:b age:20
name:c age:21
name:d age:22
name:e age:23
name:f age:24
name:g age:25
name:h age:26
name:i age:27
name:j age:28
name:k age:29
```

小　结

通过本章的学习，读者应该了解：

✧　进程是计算机中正在运行的程序的一个实例，进程的两个基本元素是程序代码和与代码相关联的数据集。

✧　进程五状态模型的 5 个状态分别是：新建态、就绪态、运行态、阻塞态和退出态。

✧　进程启动初始化大致分为 7 个步骤，依次是：计算地址空间、分配地址空间、载入地址空间、BSS 段初始化零、创建堆栈段、设置环境变量、从函数 main()开始执行程序。

✧　进程在系统中的内存分配大致分为 5 段：正文段、已初始化的全局变量段、未初始化的全局变量段、堆区、栈区。

✧　进程有五种正常终止方式：从函数 main()主动返回、调用函数 exit()、调用函数_exit()或_Exit()、最后一个线程从启动例程返回、最后一个线程调用函数 pthread_exit()。

✧　进程有三种异常终止方式：调用函数 abort()、接到一个信号、最后一个线程对取消做出响应。

✧　进程是 Linux 系统中最基本的执行单位，其中调用函数 fork()可以创建一个子进程，子进程拷贝父进程的内容，包括程序执行到的位置。

◇ 当一个进程正常或异常终止时，内核就向其父进程发送 SIGCHLD 信号，父进程可以调用函数 wait()和 waitpid()来回收子进程资源。

◇ 进程调用函数 exec()时，该进程执行的程序完全替换为新程序，调用函数 exec()并不创建新进程，所以调用前后的进程 ID 并未改变。

◇ 进程间通信可以是数据的交换，两个或多个进程合作处理数据或同步信息，以帮助两个彼此独立但相关联的进程调度工作，常见的进程间通信方式有：管道、FIFO、信号、消息队列、信号量、共享内存、内存映射、套接字等。

◇ 管道的应用一般体现在父子进程或者兄弟进程间的通信上，创建管道的函数是 pipe()。

◇ FIFO 是一种文件类型。通过 FIFO，不相关的进程也能交换数据，其中创建 FIFO 的函数是 mkfifo()。

◇ 信号作为软件中断也是一种进程间通信方式，其相关的函数有：signal()/sigaction( ) —用于关联信号及处理信号、kill()—发射信号、raise()—向自身发射信号、alarm()—向自身发射闹钟信号。

◇ 消息队列是消息的链接表，与 FIFO 相似，但少了管道在打开文件和关闭文件的麻烦，其相关的函数有：msgget()—创建或获取消息队列、msgsnd()—发送消息、msgrcv()—收取消息、msgctl()—配置消息队列。

◇ 信号量作为进程间通讯的一种方式，主要是用来同步进程动作的，其相关的函数有：semget()—创建或获取新信号量集、semctl()—操控单个信号量、semop()—对信号量执行一个或多个操作。

◇ 共享内存允许两个或多个进程共享物理内存的同一块区域，其相关的函数有：shmget()—创建或获取共享内存段、shmat()—将共享内存段附加到调用进程的虚拟地址空间里、shmdt()—将不再使用的共享内存段分离出进程的虚拟地址空间。

◇ 内存映射可以共享内存与其他进程中的映射，其中文件映射将一个文件的一部分直接映射到进程的虚拟内存中，与其相关的函数有：mmap()—在调用进程的虚拟地址空间里创建一个新映射。

习　　题

1. 进程五状态模型的 5 个状态分别是：_____、_____、_____、_____和_____。

2. Linux 进程在系统中的内存分配大致分为 5 段，分别是：_____、_____、_____、_____和_____。

3. Linux 系统中，进程的五种正常终止方式分别是_____、_____、_____、_____和_____，进程的三种异常终止方式分别是_____、_____和_____。

4. 简述 Linux 系统进程启动及初始化的过程。

5. 简述 Linux 系统进程间通信方式管道和 FIFO 之间的异同点。

第 5 章　线程编程

本章目标

- 了解 Linux 系统线程的基本概念
- 了解 Linux 系统线程与进程的差别
- 掌握 Linux 系统线程的创建和取消方法
- 掌握 Linux 系统线程同步方法

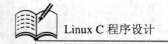

5.1　线程概述

与进程类似，线程是允许应用程序并发执行多个任务的一种机制。一个进程包含多个线程，同一进程中的所有线程均会独立执行相同程序，且共享一份全局内存区域。

5.1.1　线程的基本概念

在一个进程中的多个执行路线叫做线程，更准确的定义是：线程是进程内部的一个控制序列。每个进程至少有一个执行线程(到目前为止，本书中涉及的所有进程都只有一个执行线程)。

引入多线程之后，在程序设计时就可以把进程设计成在同一时刻能够执行多个任务，每个线程处理各自独立的任务，这样做有以下优点：

(1) 通过为每种事件类型分配单独的处理线程，可以简化处理异步事件的代码。每个线程在进行任务处理时可以采用同步编程模式，同步编程模式要比异步编程模式简单得多。

(2) 多个线程可以自动地访问相同的存储地址空间和文件描述符。

(3) 有些问题可以分解，从而提高整个程序的吞吐量。在只有一个控制线程的情况下，一个单线进程要完成多个任务，只需要把这些任务串行化。但有多个控制线程时，相互独立任务的处理就可以交叉进行，此时只需要为每个任务分配一个单独的线程。只有在两个任务的处理过程互不依赖的情况下，两个任务才可以交叉执行。

(4) 交互的程序同样可以通过使用多线程来改善响应时间，多线程可以把程序中处理用户输入和输出的部分与其他部分分开。

有人把多线程的程序设计与多处理器和多核系统联系起来，但是即使程序运行在单个处理器上，也能得到多线程编程模型的好处。处理器的数量并不影响程序结构，所以不管处理器的数量有多少，程序都可以通过使用线程得到简化。而且，即使多个程序在执行串行化任务时会受到阻塞，但由于某些线程阻塞时另外一些线程仍然可以运行，因此在单处理器上运行多线程程序可以改善响应时间和吞吐量。

同一程序中的所有线程均会独立执行相同的程序，且共享同一份全局内存区域，包括初始化的数据段、未初始化的数据段以及堆内存段。除全局内存之外，线程还共享了一些其他属性(对于进程而言，这些属性是全局性的，而非针对某个特定线程)：

✧　进程 ID 和父进程 ID。
✧　进程组 ID 和会话 ID。
✧　控制终端。
✧　进程凭证(用户 ID 和组 ID)。
✧　打开的文件描述符。
✧　使用函数 fcntl()创建的记录锁。
✧　信号处理。

❖ 文件系统的相关信息，如文件权限掩码、当前工作目录和根目录。

❖ 间隔定时器和 POSIX 定时器。

❖ System V 信号量撤销值。

❖ 资源限制。

❖ CPU 时间消耗。

❖ 资源消耗。

❖ nice 值。

各线程所独有的属性，包括线程 ID、信号掩码、线程特有数据、备选信号栈、errno 变量、浮点型环境、实时调度策略、CPU 亲和力、能力和栈(本地变量和函数的调用链接信息)。

5.1.2　线程与进程

将并发程序实现设计为多线程还是多进程，需要结合实际的需求。相对于多进程而言，多线程具有如下优势：

❖ 线程间的数据共享很简单，相比之下，进程间的数据共享需要更多的投入(例如，创建共享内存段或者使用管道)。

❖ 创建线程要快于创建进程，线程的上下文切换耗时一般比进程短。

相对于多进程而言，多线程的劣势如下：

❖ 多线程编程时，需要确保调用线程安全的函数，或者以线程安全的方式来调用函数，多进程应用则无需关注这些。

❖ 某个线程中的 bug(例如，通过一个错误的指针来修改内存)可能会危及该进程的所有线程，因为它们共享着相同的地址空间和其他属性，相比之下，进程间的隔离更加彻底。

❖ 每个线程都在争用宿主进程中优先的虚拟地址空间，一旦每个线程栈及线程特有数据消耗掉进程虚拟地址空间的一部分，则后续线程将无缘使用这些区域。尽管有效地址空间很大，但当进程分配大量线程，亦或线程使用大量内存时，这一因素的限制作用也就凸现出来。与之相反，每个进程都可以使用全部的有效虚拟内存，仅受制于实际内存和交换空间。

此外，对于选择多线程还是多进程的设计，还应考虑如下因素：

❖ 在多线程应用中处理信号时，需要格外小心作为通则，一般建议避免在多线程程序中处理信号)。

❖ 在多线程应用中，所有线程必须运行同一个程序(即使可能会位于不同函数中)；对于多进程应用，不同的进程则可以运行不同的程序。

❖ 除了数据，线程还可以共享其他信息(例如，文件描述符、信号处置、当前工作目录，以及用户 ID 和组 ID)。

在多线程程序中，多个线程并发执行同一程序。所有线程共享相同的全局和堆变量，但每个线程都配有用来存放局部变量的私有栈。同一进程中的线程还可共享其他属性，包括进程 ID、打开的文件描述符、信号处理、当前工作目录以及资源限制等。

线程与进程间的关键区别在于：线程比进程更易于共享信息。这也是许多应用程序舍进程而取线程的主要原因。对于某些操作来说，线程可以提供更好的性能，但是，在程序设计的进程和线程之争中，这并不起决定性作用。

5.1.3 Pthreads API 背景

在 20 世纪 80 年代末 90 年代初，存在着数种不同的线程接口。1995 年，POSIX.1c 对 POSIX 线程 API 做了标准化处理，该标准后来为 SUSv3 所接纳。

1．线程数据类型

Pthreads API 定义了一系列数据类型，如表 5-1 所示。

表 5-1　Pthreads 数据类型

数据类型	描　　述
pthread_t	线程 ID
pthread_mutex_t	互斥对象
pthread_mutexattr_t	互斥属性对象
pthread_cond_t	条件变量
pthread_conaddr_t	条件变量的属性对象
pthread_key_t	线程特有数据的键
pthread_once_t	一次性初始化控制上下文
pthread_attr_t	线程的属性对象

SUSv3 并未规定如何实现这些数据类型，可移植的程序应将其视为"不透明"数据，也就是说应避免对此类数据类型变量的结构或内容产生依赖。尤其应该注意的是：不能使用 C 语言的比较操作符去比较这些类型的变量。

2．线程和 errno

在传统 UNIX API 中，errno 虽是全局整型变量，却无法满足多线程程序的需求。如果线程调用的函数通过全局 errno 返回错误，则会与其他发起函数调用并检查 errno 的线程混淆在一起，这将引发竞争条件。因此，在多线程程序中，每个线程都有属于自己的 errno。

在 Linux 系统中，线程特有的 errno 实现方式与大多数 UNIX 系统实现 errno 的方式相类似：将 errno 定义为一个宏，可展开为函数调用，该函数返回一个可修改的左值，且为每个线程所独有。errno 机制在保留传统 UNIX API 报错方式的同时，也适应了多线程环境。

3．Pthreads 函数返回值

从系统调用和库函数中返回状态的传统做法是：返回 0 表示成功；返回 –1 表示失败，并设置 errno 以标识错误原因。Pthread API 则有所不同，所有 Pthreads 函数返回 0 表示成功，返回一正值表示失败。这一失败时的返回值与传统 UNIX 系统调用置于 errno 中的值含义相同。

由于多线程程序对 errno 的每次引用都会带来函数调用的开销，因此，本书实例并不会直接将 Pthreads 函数的返回值赋给 errno，而是使用一个中间变量 s，通过诊断函数 errExitEN()对其的调用来实现，如下所示：

```
pthread_t *thread;
int s;

s = ppthread_create(&thread, NULL, func, &arg);
if(s!=0)
        errExitEN(s, "pthread_create()");
```

4．编译 Pthreads 程序

Linux 系统平台上，编译在调用 Pthread API 的程序时，需要设置 cc -pthread 的编译选项，使用该选项的效果如下：

✧ 定义_REENTRANT 预处理宏，会公开对少数可重入函数的声明。

✧ 程序会与库 libpthread 进行链接(等价于-lpthread)。

5.2 线程控制

线程有一套完整的与其有关的函数库可供调用，它们中的绝大多数函数名都以 pthread_开头。为了调用这些函数库，必须在程序中包含头文件 pthread.h，并且在编译程序时使用选项-lpthread 来链接线程库。

5.2.1 线程标识

就像每个进程有一个进程 ID 一样，每个线程也有一个线程 ID。进程 ID 在整个系统中是唯一的，但线程 ID 只有在它所属的进程上下文中才有意义。

线程 ID 是用 pthread_t 数据类型来表示的，但实现的时候可以用一个结构来代表 pthread_t 数据类型，所以实现操作系统移植时不能把它作为整数处理。因此必须使用一个函数来对两个线程 ID 进行比较，其函数原型如下：

```
#include <pthread.h>

int pthread_equal(pthread_t t1, pthread_t t2);
```

用结构表示 pthread_t 数据类型的后果是不能用一种可移植的方式打印该数据类型的值。有时在程序调试过程中打印线程 ID 是非常有用的，而通常在其他情况下不需要打印线程 ID。最坏的情况是：有可能出现不可移植的调试代码，当然这算不上是很大的局限性。

线程可以通过调用函数 pthread_self()获得自身的线程 ID，其函数原型如下：

```
#include <pthread.h>

pthread_t pthread_self(void);
```

当线程需要识别以线程 ID 作为标识的数据结构时，函数 pthread_self()可以与函数 pthread_equal()一起使用。例如，主线程可能把工作任务放到一个队列中，用线程 ID 来控制每个工作线程处理哪些作业。如图 5-1 所示，主线程把新的作业放到一个工作队列中，由 3 个工作线程组成的线程池从队列中移出作业。主线程不允许每个线程任意处理从队列顶端取出的作业，而是由主线程控制作业的分配，主线程会在每个待处理作业的结构中放置处理该作业的线程 ID，每个工作线程只能移出标有自己线程 ID 的作业。

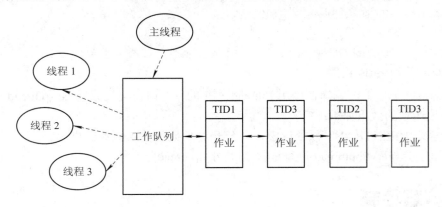

图 5-1　多线程工作流程

5.2.2　线程创建

启动程序时，产生的进程只有一条线程，称之为初始线程或主线程。在传统 UNIX 进程模型中，每个进程只有一个控制线程。从概念上讲，这与基于线程的模型中每个进程只包含一个线程是相同的。在 POSIX 线程的情况下，程序开始运行时，也是以单进程中的单个控制线程启动的。在创建多个控制线程以前，程序的行为与传统的进程并没有什么区别。新增的线程可以通过调用函数 pthread_create()创建，其函数原型如下：

```
#include <pthread.h>

int pthread_create(pthread_t *thread, const pthread_attr_t *attr, void *(*start_routine)(void *), void *arg)
```

当函数 pthread_create()成功返回时，新创建线程的线程 ID 会被设置成参数 thread 指向的内存单元；参数 attr 用于定制各种不同的线程属性，其值为 NULL 时，会创建一个具有默认属性的线程。

新创建的线程从函数 start_routine()地址开始运行，该函数只有一个无类型指针参数 arg。如果向函数 start_routine()传递的参数有一个以上，那么需要把这些参数放在一个结构中，然后把这个结构的地址作为 arg 参数传入。

线程创建时并不能保证哪个线程会先运行，是先创建的线程，还是调用的线程。新创建的线程可以访问进程的地址空间，并且调用进程的浮点环境和信号屏蔽字，但是该进程的挂起信号集会被清除。

函数 pthread_create()执行成功时，返回 0，执行失败时返回错误码，并不需要设置

errno。每个线程都提供了 errno 的副本，是为了与使用 errno 的现有函数兼容。在线程中，从函数中返回错误码更为清晰、整洁，不需要依赖那些随着函数执行不断变化的全局状态，这样可以把错误的范围限制在引起出错的函数中。

【示例 5-1】 使用函数 pthread_create()创建新线程。

```c
#include <stdio.h>
#include <stdlib.h>
#include <unistd.h>
#include <string.h>
#include <pthread.h>

pthread_t ntid;

void printids(const char *s)
{
        pid_t pid;
        pthread_t tid;

        pid = getpid();
        tid = pthread_self();

        printf("%s pid %lu tid %lu (0x%lx)\n", s, (unsigned long)pid, (unsigned long)tid, (unsigned long)tid);
}

void *thr_fn(void *arg)
{
        printids("new thread: ");
        return ((void *)0);
}

int main(int argc, char *argv[])
{
        int err;

        err = pthread_create(&ntid, NULL, thr_fn, NULL);
        if(err!=0)
        {
                printf("can't create thread: %s\n", strerror(err));
                exit(1);
        }
```

```
        printids("main thread: ");
        sleep(1);
        exit(0);
}
```

程序编译运行结果如下：

```
[instructor@instructor 5.2]$ gcc pthread_create.c -o pthread_create -pthread
[instructor@instructor 5.2]$ ./pthread_create
main thread:   pid 79819 tid 140234640267072 (0x7f8aebeb1740)
new thread:   pid 79819 tid 140234631976704 (0x7f8aeb6c9700)
```

本示例需要处理主线程和新线程之间的竞争：主线程需要睡眠，如果不睡眠，它就可能退出，这样，新线程还没有机会运行，整个进程就可能已经终止。这种行为特征依赖于操作系统中的线程实现和调度算法。

本示例中，新线程是通过调用函数 pthread_self()来获取自己的线程 ID 的，而不是从共享内存中读出或者从线程的启动例程中以参数的形式接收到的。函数 pthread_create()会通过参数 thread 返回新建线程的 ID。主线程把新线程 ID 存放在 ntid 中，但是新建的线程并不能安全使用它，如果新线程在主线程调用函数 pthread_create()返回之前就运行了，那么新线程看到的是未经初始化的 ntid 内容，这个内容并不是正确的线程 ID。

5.2.3 线程终止

如果进程中的任意线程调用了函数 exit()、_exit()或_Exit()，那么整个进程就会终止。与此相类似，如果默认的动作是终止进程，那么发送到线程的信号就会终止整个进程。

在不终止整个进程的情况下，停止单个线程的控制流有三种方式：

(1) 线程可以简单地从启动例程中返回，返回值是线程的退出码。

(2) 线程可以被同一进程中的其他线程取消。

(3) 线程调用函数 pthread_exit()。

1. 函数 pthread_exit()

```
#include <pthread.h>

void pthread_exit(void *retval);
```

参数 retval 是一个无类型指针，与传给启动例程的单个参数类似。

2. 函数 pthread_join()

进程中的其他线程可以通过调用函数 pthread_join()等待指定线程的结束，其函数原型如下：

```
#include <pthread.h>

int pthread_join(pthread_t thread, void **retval);
```

函数执行成功返回 0，执行失败返回错误码。调用线程将一直阻塞，直到指定的线程调用函数 pthread_exit()从启动例程返回或者被取消。如果线程简单地从它的启动例程返回，retval 就包含返回码；如果线程被取消，由 retval 指定的内存单元就设置为 PTHREAD_CANCELED。

　　可以通过调用函数 pthread_join()自动把线程置于分离状态，这样资源就可以恢复。如果线程已经处于分离状态，函数 pthread_join()调用就会失败，返回 EINVAL，尽管这种行为是与具体实现相关的。

　　如果对线程的返回值并不感兴趣，那么可以把 retval 设置为 NULL。这种情况下，调用函数 pthread_join()可以等待指定的线程终止，但并不获取线程的终止状态。

　　【示例 5-2】　使用函数 pthread_join()获得线程结束状态。

```c
#include <stdio.h>
#include <stdlib.h>
#include <unistd.h>
#include <pthread.h>

void *thr_fn1(void *arg)
{
        printf("thread 1 returing\n");
        return ((void *)1);
}

void *thr_fn2(void *arg)
{
        printf("thread 2 exiting\n");
        pthread_exit((void *)2);
}

int main(int argc, char *argv[])
{
        int err;
        pthread_t tid1, tid2;
        void *tret;

        err = pthread_create(&tid1, NULL, thr_fn1, NULL);
        if(err!=0)
        {
                printf("can't create thread 1: %s\n", strerror(err));
                exit(1);
        }

        err = pthread_create(&tid2, NULL, thr_fn2, NULL);
        if(err!=0)
```

```
        {
                printf("can't create thread 2: %s\n", strerror(err));
                exit(1);
        }

        err = pthread_join(tid1, &tret);
        if(err!=0)
        {
                printf("can't join thread 1: %s\n", strerror(err));
                exit(1);
        }
        printf("thread 1 exit code %ld\n",(long)tret);

        err = pthread_join(tid2, &tret);
        if(err!=0)
        {
                printf("can't join thread 2: %s\n", strerror(err));
                exit(1);
        }
        printf("thread 2 exit code %ld\n",(long)tret);

        exit(0);
}
```

程序编译运行结果如下：

```
[instructor@instructor 5.2]$ gcc pthread_exit.c -o pthread_exit -pthread

[instructor@instructor 5.2]$ ./pthread_exit
thread 2 exiting
thread 1 returing
thread 1 exit code 1
thread 2 exit code 2
```

从本示例中可以看出：当一个线程通过调用函数 pthread_exit()退出或者简单地从启动例程中返回时，进程中的其他线程可以通过调用函数 pthread_join()获得该线程的退出状态。

函数 pthread_create()和 pthread_exit()中的无类型指针参数可以传递的值不止一个，也可以传递包含复杂信息结构的地址，但值得注意的是，这个结构所使用的内存在调用者完成调用以后必须仍然是有效的。例如，在调用线程的栈上分配一个结构，那么其他的线程在使用这个结构时，内存内容可能已经改变了。又如，线程在自己的栈上分配了一个结构，然后把指向这个结构的指针传给函数 pthread_exit()，那么调用函数 pthread_join()的线程试图使用该结构时，这个栈有可能已经被撤销，这个内存也已另作他用。

3. 函数 pthread_cancel()

函数 pthread_cancel()用于请求取消同一进程中的其他线程，其函数原型如下：

```
#include <pthread.h>

int pthread_cancel(pthread_t thread);
```

函数执行成功返回 0，函数执行失败返回错误编号。默认情况下，函数 pthread_cancel()会使用 thread 标识的线程，效果等同于调用了参数为 PTHREAD_CANCELD 的函数 pthread_exit()。函数 pthread_cancel()并不等待线程终止，仅仅提出请求而已。

【示例 5-3】 使用函数 pthread_cancel()取消线程。

```c
#include <stdio.h>
#include <stdlib.h>
#include <string.h>
#include <pthread.h>

void *tfn1(void *arg)
{
        printf("new thread\n");
        sleep(10);

}

int main(int argc, char *argv[])
{
        pthread_t tid;
        void *res;
        int err;

        err = pthread_create(&tid, NULL, tfn1, NULL);
        if(err!=0)
        {
                printf("can't create thread: %s\n", strerror(err));
                exit(1);
        }

        sleep(3);

        err = pthread_cancel(tid);
        if(err!=0)
        {
                printf("can't cancel thread: %s\n", strerror(err));
                exit(1);
```

```
        }

        err = pthread_join(tid, &res);
        if(err!=0)
        {
                printf("can't join thread: %s\n", strerror(err));
                exit(1);
        }

        if(res==PTHREAD_CANCELED)
                printf("thread %u has been canceled\n", (unsigned int)tid);
        else
                printf("error\n");

        exit(0);

}
```

程序编译运行结果如下：

```
[instructor@instructor 5.2]$ gcc pthread_cancel.c -o pthread_cancel -pthread
[instructor@instructor 5.2]$ ./pthread_cancel
new thread
thread 1432299264 has been canceled
```

5.3 线程同步

多个线程在同时访问共享数据时可能会发生冲突，为了避免这一情况而引入了线程同步机制。Linux 系统中，主要通过互斥量、条件变量和信号量实现线程的同步。互斥量可以帮助多线程同时使用共享资源，以防止一线程试图访问一共享变量时，另一线程正在对其进行修改的情况发生；条件变量则是对互斥量不足的补缺，允许线程互相通知共享变量的状态发生了变化；信号量在互斥的基础上，通过其他机制实现访问者对资源的有序访问。

5.3.1 同步概念

当多个控制线程共享相同的内存时，需要确保每个线程看到一致的数据视图。如果每个线程使用的变量都是其他线程不会读取和修改的，那么就不存在一致性问题。同样，如果变量是只读的，多个线程同时读取该变量也不会有一致性问题。但是，当一个线程可以修改的变量，其他线程可以读取或者修改的时候，我们就需要对这些线程进行同步，确保它们在访问变量的存储内容时不会访问到无效的值。

当一个线程修改变量时，其他线程在读取这个变量时可能会看到一个不一致的值。在变量修改时间多于一个存储器访问周期的处理器结构中，当存储器读与存储器写这两个周期交叉时，这种不一致就会出现。当然，这种行为是与处理器体系结构相关的，但是可移植的程序并不能对使用何种处理器系统结构提前做出假设。

图 5-2 描述了两个线程读写相同变量的假设例子。在这个例子中，线程 A 读取变量，然后给这个变量赋予一个新的数值，但写操作需要两个存储周期。当线程 B 在这两个存储器写周期中间读取这个变量时，它就会得到不一致的值。

为了解决这个问题，线程不得不使用"锁"，同一时间只允许一个线程访问该变量，如图 5-3 所示。如果线程 B 希望读取变量，它首先要获取锁。同样，当线程 A 更新变量时，也需要获取同样的锁。这样，线程 B 在线程 A 释放锁以前就不能读取变量。

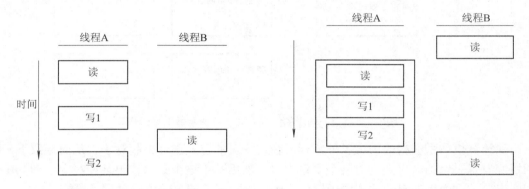

图 5-2　两个线程的交叉存储器周期　　　　图 5-3　两个线程同步内存访问

两个或多个线程试图在同一时间修改同一变量时，也需要进行同步。考虑变量增量操作的情况，增量操作通常分解为以下三步：

(1) 从内存单元读入寄存器。

(2) 在寄存器中对变量做增量操作。

(3) 把新的值写回内存单元。

如果两个线程在几乎同一时间试图对同一变量做增量操作而不进行同步的话，结果就可能出现不一致。变量可能比原来增加了 1，也有可能比原来增加了 2，具体是 1 还是 2，取决于第二个线程开始操作时获取的数值。如果第二个线程执行第一步要比第一个线程执行第三步早，第二个线程读到的初始值就与第一个线程一样，它为变量加 1，然后再写回去，事实上没有实际的效果，总的来说变量只增加了 1，如图 5-4 所示。

如果修改操作是原子操作，那么就不存在竞争。在前面的例子中，如果增加 1 只需要一个存储器周期，那么就没有竞争存在。如果数据总是以顺序一致的方式出现，就不需要额外的同步。当多个线程观察不到数据不一致时，那么操作就是顺序一致的。在现代计算机系统中，存储访问需要多个总线周期，多处理器的总线周期通常在多个处理器上是交叉的，所以无法保证数据是顺序一致的。

在顺序一致的环境中，可以把数据修改操作解释为运行线程的顺序操作步骤，将这样的情形描述为"线程 A 对变量增加了 1，然后线程 B 对变量增加了 1，所以变量的值比原来的大 2"，或者描述为"线程 B 对变量增加了 1，然后线程 A 对变量增加了 1，所以变量的值比原来的大 2"。这两个线程的任何操作顺序都不可能让变量出现其他数值。

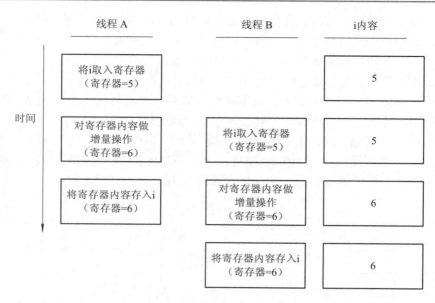

图 5-4　两个非同步的线程对同一个变量做增量操作

　　除计算机体系结构的因素以外，程序使用变量的方式也会引起竞争，从而导致不一致的情况发生。例如，可能会对某个变量加 1，然后基于这个数值作出某种决定。增量操作和作出决定这两步的组合并非原子操作，因而给不一致情况的出现提供了可能。

5.3.2　互斥量

　　可以通过使用 pthread 的互斥接口保护数据，确保同一时间只有一个线程访问数据。互斥量(mutex)从本质上说是一把"锁"，在访问共享资源前对互斥量进行加锁，在访问完成后释放互斥量上的锁。对互斥量进行加锁以后，任何其他试图再次对互斥量加锁的线程将会被阻塞直到当前线程释放该互斥锁。如果释放互斥锁时有多个线程阻塞，所有在该互斥锁上的阻塞线程都会变成可运行状态，第一个变为运行状态的线程可以对互斥量加锁，其他线程将会看到互斥锁依然被锁住，只能回去再次等待它重新变为可用。在这种方式下，每次只有一个线程可以向前执行。

　　在设计时需要规定所有的线程必须遵守相同的数据访问规则，只有这样，互斥机制才能正常工作。操作系统并不会做数据访问的串行化。如果允许其中的某个线程在没有得到锁的情况下也可以访问共享资源，那么即使其他线程在使用共享资源前都获取了锁，也还是会出现数据不一致的问题。

　　互斥变量用 pthread_mutex_t 数据类型表示，在使用互斥变量以前，必须首先对它进行初始化，可以把它置为常量 **PTHREAD_MUTEX_INITIALIZER**(只对静态分配的互斥量)，也可以通过调用函数 pthread_mutex_init()进行初始化。如果动态地分配互斥量(例如调用 malloc()函数)，那么在释放内存前需要调用函数 pthread_mutex_destroy()。

```
#include <pthread.h>
```

```
int pthread_mutex_init(pthread_mutex_t *restrict mutex, const pthread_mutexattr_t *restrict attr);
int pthread_mutex_destroy(pthread_mutex_t *mutex);
```

函数若执行成功则返回 0，否则返回错误编号。参数 attr 为 NULL 时，表示使用默认的属性初始化互斥量。

对互斥量进行加锁，需要调用函数 pthread_mutex_lock()，如果互斥量已经上锁，调用线程将阻塞，直到互斥量被解锁。对互斥量进行解锁时，需要调用函数 pthread_mutex_unlock()，其函数原型如下：

```
#include <pthread.h>


int pthread_mutex_lock(pthread_mutex_t *mutex);
int pthread_mutex_trylock(pthread_mutex_t *mutex);
int pthread_mutex_unlock(pthread_mutex_t *mutex);
```

函数若执行成功则返回 0，否则返回错误编号。如果线程不希望被阻塞，它可以使用函数 pthread_mutex_trylock() 尝试对互斥量进行加锁。如果调用函数 pthread_mutex_trylock() 时，互斥量处于未锁住状态，那么函数 pthread_mutex_trylock() 将锁住互斥量，不会出现阻塞，并返回 0；否则，函数 pthread_mutex_trylock() 就会失败，不能锁住互斥量，而返回 EBUSY。

【示例 5-4】　使用互斥量实现线程间同步。

```
#include <stdio.h>
#include <stdlib.h>
#include <unistd.h>
#include <string.h>
#include <pthread.h>


int num1 = 0;
int num2 = 0;


pthread_mutex_t mutex;


void *func(void *arg)
{
        while(1)
        {
                num1++;
                num2++;


                if(num1!=num2)
                {
                        printf("%d != %d\n",num1,num2);
                }
```

```
        }
}

int main(int argc, char *agrv[])
{
        pthread_t tid1, tid2;
        int err;

        err = pthread_mutex_init(&mutex, NULL);
        if(err!=0)
        {
                printf("pthread_mutex_init():%s\n", strerror(err));
                exit(1);
        }

        err = pthread_create(&tid1, NULL, func, NULL);
        if(err!=0)
        {
                printf("pthread_create():%s\n", strerror(err));
                exit(1);
        }

        err = pthread_create(&tid2, NULL, func, NULL);
        if(err!=0)
        {
                printf("pthread_create():%s\n", strerror(err));
                exit(1);
        }

        while(1)
        {
                sleep(3);
        }

        exit(0);
}
```

程序编译运行结果如下：

```
[instructor@instructor 5.2]$ gcc pthread_mutex.c -o pthread_mutex -pthread
[instructor@instructor 5.2]$ ./pthread_mutex
4963874 != 4962935
```

4963875 != 4962936

4963876 != 4962937

4963877 != 4962938

...

该示例程序中，num1 和 num2 均初始化为 0，按照常理，num1 递增和 num2 递增之后也应相等，但是输出的结果却不相等。造成上述现象的原因很多，例如 num1 在线程 tid1 中递增后，立即切换至线程 tid2，在线程 tid2 中完成 num1 和 num2 的递增，从而造成 num1 与 num2 的不相等。

修改线程函数 func()如下：

```c
void *func(void *arg)
{
    while(1)
    {
        pthread_mutex_lock(&mutex);

        num1++;
        num2++;

        if(num1!=num2)
        {
            printf("%d != %d\n",num1,num2);
        }

        pthread_mutex_unlock(&mutex);
    }
}
```

程序编译运行结果如下：

```
[instructor@instructor 5.2]$ gcc pthread_mutex.c -o pthread_mutex -pthread
[instructor@instructor 5.2]$ ./pthread_mutex
```

此时，程序不再有任何输出。原因在于在每个线程中，在 num1 和 num2 递增之前加锁互斥量，在 num1 和 num2 递增判断之后解锁互斥量，从而保证了在互斥量加锁期间，num1 和 num2 的变化相同。

5.3.3　条件变量

互斥量防止多个线程同时访问同一共享变量，条件变量则允许一个线程将某个共享变量(或其他共享资源)的状态变化通知其他线程，并让其他线程等待(阻塞于)这一通知。

线程间的同步还有这样一种情况：线程 A 需要某个条件成立才能继续往下执行，如果这个条件不成立，线程 A 就会受到阻塞，被迫等待；而线程 B 在执行过程中使这个条件成立了，则唤醒线程 A 继续执行。在 pthread 库中，通过条件变量可以创建一个阻塞等

待条件，或者唤醒等待条件的线程。

Linux 系统使用 pthread_cond_t 类型来标识条件变量，其初始化及销毁函数如下：

```
#include <pthread.h>

int pthread_cond_init(pthread_cond_t *restrict cond, const pthread_condattr_t *restrict attr);
int pthread_cond_destroy(pthread_cond_t *cond);
pthread_cond_t cond = PTHREAD_COND_INITILIAZER;
```

函数执行成功返回 0，否则返回错误码。和互斥量的初始化与销毁类似，函数 pthread_cond_init()用于初始化一个条件变量，参数 attr 为 NULL，表示缺省属性；函数 pthread_cond_destroy()用于销毁一个条件变量。如果条件变量是静态的，也可以使用宏定义 PTHREAD_COND_INITIALIZER 的初始化，相当于调用函数 pthread_cond_init()初始化，并且参数 attr 为 NULL。

条件变量的操作可以使用下列函数：

```
#include <pthread.h>

int pthread_cond_wait(pthread_cond_t *restrict cond, pthread_mutex_t *restrict mutex);
int pthread_cond_timewait(pthread_cond_t *restrict cond, pthread_mutex_t *restrict mutex, const struct timespec *restrict abstime);
int pthread_cond_signal(pthread_cond_t *cond);
```

条件变量总是结合互斥量使用，条件变量在共享变量的状态改变时发出通知，而互斥量则提供对该共享变量访问的互斥。一个线程调用函数 pthread_cond_wait()在一个条件变量上发生阻塞等待，需要进行以下三步操作：

(1) 释放互斥量。

(2) 阻塞等待。

(3) 当被唤醒时，重新获得互斥量并返回。

函数 pthread_cond_timewait()还有一个额外的参数可以设定等待超时，如果达到了 abstime 所指定的时刻仍然没有其他线程来唤醒当前线程，就返回 ETIMEDOUT。一个线程可以调用函数 pthread_cond_signal()唤醒在某个条件变量上等待的另一个线程，也可以调用函数 pthread_cond_broadcast()唤醒在这个条件变量上等待的所有线程。

【示例 5-5】 使用条件变量实现线程间同步。

```
#include <stdio.h>
#include <stdlib.h>
#include <unistd.h>
#include <string.h>
#include <pthread.h>

struct msg
{
```

```
        struct msg *next;
        int num;
};

struct msg *head;

pthread_cond_t          has_product = PTHREAD_COND_INITIALIZER;
pthread_mutex_t         lock = PTHREAD_MUTEX_INITIALIZER;

void *consumer(void *p)
{
        struct msg *mp;

        while(1)
        {
                pthread_mutex_lock(&lock);

                while(head==NULL)
                        pthread_cond_wait(&has_product, &lock);

                mp = head;
                head = mp->next;

                pthread_mutex_unlock(&lock);

                printf("Consume %d\n", mp->num);

                free(mp);

                sleep(rand()%5);
        }
}

void *producer(void *p)
{
        struct msg *mp;
        while(1)
        {
                mp = malloc(sizeof(struct msg));
```

```
                mp->num = rand()%1000 + 1;
                printf("Produce %d\n", mp->num);

                pthread_mutex_lock(&lock);

                mp->next = head;
                head=mp;

                pthread_mutex_unlock(&lock);

                pthread_cond_signal(&has_product);

                sleep(rand()%5);
        }
}

int main(int argc, char *argv[])
{
        pthread_t tid1, tid2;

        srand(time(NULL));

        pthread_create(&tid1, NULL, producer, NULL);
        pthread_create(&tid2, NULL, consumer, NULL);

        pthread_join(tid1, NULL);
        pthread_join(tid2, NULL);

        exit(1);
}
```

程序编译运行结果如下：

```
[instructor@instructor 5.2]$ gcc pthread_cond.c -o pthread_cond -pthread
[instructor@instructor 5.2]$ ./pthread_cond
[instructor@instructor 5.3]$ ./pthread_cond
Produce 307
Consume 307
Produce 56
Consume 56
...
```

5.3.4　信 号 量

有两组接口用于信号量：一组取自 POSIX 的实时扩展，用于线程；另一组被称为 System V 信号量，常用于进程的同步。这两组接口函数虽然很相近，但不保证可以互换，而且它们使用的调用函数也各不相同。本节后续内容中涉及的所有信号量均是指 POSIX 信号量。

荷兰计算机学家 Dijkstra 首先提出了信号量的概念。信号量是一种特殊类型的变量，它可以被增加或减小，但对其关键访问的保证是原子操作，即使在一个多线程程序中也是如此。这意味着如果一个程序中有两个(或多个)线程试图改变一个信号量的值，则系统将保证所有的操作依次进行；但如果是普通变量，则来自同一程序中的不同线程的冲突操作所导致的结果将是不确定的。

本节将介绍一种最简单的信号量——二进制信号量，它只有 0 和 1 两种取值，以及一种更通用的信号量——计数信号量，它可以有更大的取值范围。信号量一般常用来保护一段代码，使其每次只能被一个执行线程运行，要完成这个工作，就需要使用二进制信号量；而有时，我们希望允许有限数目的线程执行一段指定的代码，这就需要用到计数信号量。由于计数信号量并不常用，所以我们在这里不进行深入的介绍，实际上它仅仅是二进制信号量的一种逻辑扩展，两者实际调用的函数都一样。

信号量函数名称都以 sem_开头，信号量通过函数 sem_init()创建，其函数原型如下：

```
#include <semaphore.h>

int sem_init(sem_t *sem, int pshared, unsigned int value);
```

函数执行成功返回 0，否则返回 –1，同时设置 errno。这个函数初始化由 sem 指向的信号量对象，设置它的共享选项并给它一个初始的整数值(参数 value)。参数 pshared 控制信号量的类型，如果其值为 0，就表示这个信号量是当前线程的局部信号量，否则这个信号量就可以在多个线程之间共享。本节只研究不能在进程间共享的信号量。

增加信号量，需要调用函数 sem_post()；减小信号量，需要调用函数 sem_wait()，其函数原型如下：

```
#include <semaphore.h>

int sem_wait(sem_t *sem);
int sem_post(sem_t *sem);
```

这两个函数都以一个指针为参数，该指针指向的对象是由函数 sem_init()调用初始化的信号量。

函数 sem_post()的作用是以原子操作的方式给信号量的值增加 1。所谓原子操作，是指如果两个线程企图给一个信号量增加 1，它们之间不会相互干扰，而不像其他操作同时对一个文件进行读写时会带来冲突。所以在原子操作下，信号量的值总是会被正确地加 2，因为有两个线程试图改变它。

函数 sem_wait()的作用是以原子操作的方式将信号量的值减小 1，但它会等待直到信号量有个非零值才会开始减法操作。因此，如果对值为 2 的信号量调用函数 sem_wait()，线程将继续执行，信号量的值会减到 1；如果对值为 0 的信号量调用函数 sem_wait()，这个函数就会等待，直到有其他线程增加了信号量的值使其不再为 0 为止；如果两个线程同时在函数 sem_wait()调用上等待同一个信号量变为非零值，那么当该信号量被第三个线程增加 1 时，只有其中一个等待线程将开始对信号量减 1，然后继续执行，另外一个线程还将继续等待。信号量的这种"在单个函数中就能进行原子化测试和设置"的能力使其变得非常有价值。

函数 sem_destroy()主要用于清理已经结束使用的信号量，其函数原型如下：

```
#include <semaphore.h>


int sem_destroy(sem_t *sem);
```

函数执行成功返回 0，否则返回 –1，同时设置 errno。函数 sem_destroy()也是以信号量指针作为参数，并清理该信号量拥有的所有资源。如果清理的信号量正被一些线程等待，就会收到一个错误。

【示例 5-6】 使用信号量实现线程间同步。

```c
#include <stdio.h>
#include <stdlib.h>
#include <pthread.h>
#include <semaphore.h>

#define NUMBER 5

void *producer(void *arg);
void *consumer(void *arg)

int queue[NUMBER];
sem_t blank_number, product_number;

int main(int argc, char *argv[])
{
    pthread_t pid, cid;

    sem_init(&blank_number, 0, NUMBER);
    sem_init(&product_number, 0, 0);

    pthread_create(&pid, NULL, producer, NULL);
    pthread_create(&cid, NULL, consumer, NULL);

    pthread_join(pid, NULL);
    pthread_join(cid, NULL);
```

```
        sem_destroy(&blank_number);
        sem_destroy(&product_number);
}
void *producer(void *arg)
{
        int p = 0;
        while(1)
        {
                sem_wait(&blank_number);
                queue[p] = rand()%1000 + 1;
                printf("Produce %d\n",queue[p]);
                sem_post(&product_number);
                p = (p+1)%NUMBER;
                sleep(rand()%5);
        }

}

void *consumer(void *arg)
{
        int c = 0;
        while(1)
        {
                sem_wait(&product_number);
                printf("Consume %d\n", queue[c]);
                queue[c] = 0;
                sem_post(&blank_number);
                c = (c+1)%NUMBER;
                sleep(rand()%5);
        }
}
```

程序编译运行结果如下：

```
[instructor@instructor 5.2]$ gcc pthread_ sem.c -o pthread_ sem -pthread
[instructor@instructor 5.3]$ ./pthread_sem
Produce 384
Consume 384
Produce 916
Consume 916
...
```

小　结

通过本章的学习，读者应该了解：

◇ 在一个进程中的多个执行路线叫做线程，更准确的定义是：线程是进程内部的一个控制序列。

◇ 进程中所有线程共享全局和堆变量，但每个线程都配有存放局部变量的私有栈。相对于进程而言，线程更易于共享信息，可以提供更好的性能。

◇ 进程启动时只有一条线程，称之为初始线程或主线程。函数 pthread_create() 负责创建一条新线程。

◇ 单个线程可以通过三种方式退出：从启动例程中返回，被同一进程中的其他线程取消以及调用函数 pthread_exit()。

◇ 多个线程同时访问共享数据时可能会发生冲突，因此引入了线程同步机制。比较常用的同步机制有：互斥量、条件变量和 POSIX 信号量。

◇ 互斥量(mutex)从本质上说是一把"锁"，在访问共享资源前对互斥量进行加锁，在访问完成后释放互斥量上的锁。

◇ 条件变量允许一个线程将某个共享变量的状态变化通知其他线程，并让其他线程等待这一通知。

◇ 信号量是一种特殊类型的变量，对它的关键访问是原子操作，当进程中两个或多个线程试图改变一个信号量的值时，系统将保证所有的操作都依次进行。

习　题

1. 为使用 Pthread 线程库，必须在程序中包含头文件_____，并且编译程序时需要使用选项_____来链接线程库。

2. 单个线程可以通过三种方式退出，分别是：_____、_____和_____。

3. 同步机制解决了多个线程竞争共享资源的冲突，线程间常用的同步方式有：_____、_____和_____。

4. 简述 Linux 系统线程与进程之间的关系。

5. 简述 Linux 系统线程间同步的常见方式及其特点。

第6章 网络编程

本章目标

- 了解计算机网络的基本概念及其分类
- 掌握 OSI 参考模型和 TCP/IP 网络模型
- 掌握 IP 地址分类方法和子网的划分方法
- 掌握 Socket 基本概念和通信原理
- 掌握 UNIX Domain 的报文 Socket 编程模型
- 掌握 UNIX Domain 的流式 Socket 编程模型
- 掌握 UDP 编程模型
- 掌握 TCP 编程模型

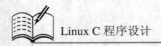

6.1 计算机网络基础

21 世纪最重要的特征是数字化、信息化和网络化，网络已经成为信息社会的命脉和发展知识经济的重要基础。广义概念上的网络由电信网络、有线电视网络和计算机网络组成，其中发展最快并起着核心作用的就是计算机网络。

6.1.1 计算机网络的作用与意义

计算机网络最根本的意义在于摆脱计算机在地理位置上的束缚，实现全网范围的资源共享，其作用和意义表现在以下四个方面。

1. 信息资源共享

在现代信息社会，信息资源的获取至关重要。人们希望了解今天的新闻、获知最新的股市行情、查找某方面的学术资料等，这些都可以从网络中得到。在一个单位内部，人们也可以通过网络共享各部门的数据和资料。

2. 昂贵设备共享

现在大多数用户使用的是个人计算机，如果要运行一个大型软件，又没有昂贵的大型计算机，用户就可以申请使用网络中的大型计算机，即使它远在千里之外，用户也可以调用网络中的几台计算机共同完成某项任务。此外，还可以利用网络中的海量存储器，将个人文件存到云端，就如同给文件增加了一份保险。

3. 高可靠性保障

网络系统对于现代军事、金融、民航以及核反应堆的安全等都是至关重要的。网络可以使多个计算机设备同时为某项工作提供服务，提高系统的容错能力，确保工作的顺利进行。

4. 提高工作效率

通过网络，人们可以把工作任务进行分解，利用多方协作完成，从而提高工作效率。

此外，人们还可以与千里之外的朋友在网上交谈，或是认识更多的新朋友，增进人们的交流效率。

6.1.2 计算机网络的起源与发展

计算机网络是指地理上分散的计算机按照约定的通信协议，通过软硬件设备互联，以实现交互通信、资源共享、信息交换、协同工作以及在线处理等功能的系统。作为计算机技术和通信技术结合发展的产物，计算机网络的发展大致经过了四个阶段。

1. 面向终端的计算机网络

这一阶段的计算机网络主要实现形式为具有通信功能的单机系统。世界上第一台数字电子计算机于 1946 年问世，当时的计算机和通信并没有什么联系。1954 年，人们制造出了终端，并利用终端将穿孔卡片上的数据从电话线路上发送到远程计算机。之后，又有了电传打字机，用户可在远程的电传打字机上输入程序，而计算出来的结果又可以从计算机传送到电传打字机打印出来，这便是计算机与通信最早的结合。

20 世纪 60 年代初，以单个计算机为中心的远程联机系统构成面向终端的计算机网络，人们把这种以单个计算机为中心的联机系统称为面向终端的远程联机系统。该系统成为计算机与通信技术相结合而形成的计算机网络雏形，因此也称为面向终端的计算机通信网。当时，美国航空订票系统 SABRE-1 就是这种计算机通信网络的典型应用，该系统由一台中心计算机和分布在全美范围内的 2000 多个终端组成，各终端通过电话线连接到中心计算机。

具有通信功能的典型单机系统是计算机通过多重线路控制器与远程终端相连，如图6-1 所示。

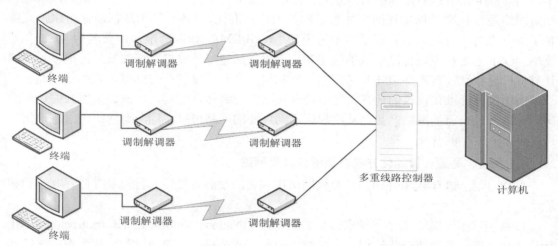

图 6-1　单机系统典型结构示意图

单机系统主要有三个缺点：(1) 造成主机负担过重，既要进行数据处理，又要管理与终端的通信。(2) 每个终端对应单独的通信线路，造成通信线路利用率低。(3) 每增加一个终端，线路控制器的软/硬件都需要做出很大的改动。

2．计算机通信网络

这一阶段的计算机网络主要实现方式为具有通信功能的多机系统，属于面向终端的计算机通信网。1969 年，美国国防部高级研究计划局为军事目的建成了 ARPANET (Advanced Research Projects Agency Net)，该项目主要目的是实现各大学、科研机构、公司的多台计算机相互连接，以达到资源共享。ARPANET 的诞生成为计算机网络发展史上的一个里程碑，尽管建成时仅有 4 个节点。

ARPANET 实现了计算机之间的通信，用户通过终端可共享通信子网上的软/硬件资源，但这仅是网络的初级阶段，人们将其称为计算机通信网。计算机通信网主要由资源子网和通信子网构成。

资源子网由网络中的所有主机、终端、终端控制器、外设(网络打印机、磁盘阵列等)和各种软件资源组成，负责全网的数据处理和向网络用户(工作站或终端)提供网络资源及

服务。

通信子网由各种通信设备和线路组成，承担资源子网的数据传输、转接和变换等通信处理工作。

网络用户对网络的访问可分为本地访问和网络访问；本地访问只访问本地主机资源，不经过通信子网，只在资源子网内部进行；而网络访问需要通过通信子网访问远程主机上的资源。

3．计算机互联网络

这一阶段的计算机网络主要由以资源共享为目的的计算机构成，是当今意义上的计算机网络。

计算机网络的发展加速了计算机网络体系结构与协议国际标准化的研究与应用。1977年，国际标准化组织的计算机与信息处理标准化技术委员会成立了一个专门机构，研究和制定网络通信标准，以实现网络体系结构的国际标准化。1984 年国际标准化组织正式颁布了一个称为"开放系统互联基本参考模型"(OSI/RM)的国际标准，即著名的 OSI 参考模型。OSI 参考模型及标准协议的制定和完善大大加速了计算机网络的发展，很多大型的计算机厂商相继宣布支持 OSI 参考模型，并积极研究和开发符合 OSI 参考模型的产品。

遵循国际标准化协议的计算机网络具有统一的网络体系结构，厂商需按照共同认可的国际标准开发自己的网络产品，从而保证不同厂商的产品可以在同一个网络中进行通信，这就是"开放"的含义。

4．互联、高速、智能化方向发展的计算机网络

自 20 世纪 80 年代末开始，计算机网络进入新的发展阶段，其特点是互联、高速和智能化。

1993 年美国政府公布了"国家信息基础设施"(National Information Infrastructure，NII)行动计划，即信息高速公路计划。这里的"信息高速公路"是指通过数字化大容量光纤通信网络，把政府机构、企业、大学、科研机构和家庭的计算机进行联网。美国政府又分别于 1996 年和 1997 年开始研究发展更加快速可靠的互联网 2 和下一代互联网。可以说，网络互联和高速计算机网络正成为最新一代计算机网络的发展方向。

随着网络规模的扩大与网络服务功能的增多，各国正在开展智能网络的研究，以提高通信网络业务开发的能力，并更加合理地进行各种网络业务的管理，真正以分布和开放的形式向用户提供服务。智能网的概念是美国于 1984 年提出的，智能网的定义中并没有人们通常理解的"智能"含义，它仅仅是一种"业务网"，目的是提高通信网络开发业务的能力，它的出现引起了世界各国电信部门的关注，国际电联(ITU)在 1988 年开始将其列为研究课题。1992 年国际电联正式定义了智能网，制订一个能快速、方便、灵活、经济、有效地生成和实现各种新业务的体系。

6.1.3 计算机网络的覆盖范围

计算机网络的覆盖范围是网络分类的一个非常重要的度量参数，因为不同规模的网络采用不同的技术。根据网络覆盖范围的大小，我们将计算机网络分为局域网(LAN)、城域网(MAN)和广域网(WAN)。作为互联网的重要组成构件，尽管局域网、城域网和广域网的

作用距离以及它们的价格相差很远,但从互联网的角度来看,它们都是平等的。

1.局域网

局域网是一种小区域内的通信网络,它可支持各种数据通信设备间的互联、信息交换和资源共享。局域网最主要的特点是:仅为单个公司服务,且地理范围和站点数目均有限。相比于广域网而言,局域网具有较高的数据传输率、较低的时延和较小的误码率。其主要优点如下:

◇ 方便共享外部设备、主机以及软件和数据。

◇ 各设备的位置可灵活调整,便于网络的扩展和演变。

◇ 网络的可靠性、可用性和残存性高。

局域网可用的传输媒体多种多样,主要有双绞线、同轴电缆和光纤。值得一提的是,随着技术的进步,光纤的使用也越来越广,光纤具有很好的抗电磁干扰特性和很宽的频带,其数据传输率可达到 100 Mb/s,甚至 1 Gb/s。

2.城域网

城域网基本上是一种大型的局域网,通常使用与局域网相似的技术。城域网比局域网扩展的距离更长,通常拥有比较复杂的中型通信网络设备,它可以覆盖一个大型城市及其邻近的乡镇区域。城域网可以支持各种数据传输,也可能会涉及当地的有线电视台。它通常不包括交换单元,而使用一条或两条电缆,并分组分流到几条引出电缆的设备上。

3.广域网

广域网主要实现远程计算机之间的通信,计算机之间可能相隔几十、几百甚至几千公里。广域网由一些结点交换机以及连接这些交换机的链路组成,结点交换机执行分组存储转发的功能,结点之间都是点到点连接,但为了提高网络的可靠性,通常一个结点交换机往往与多个结点交换机相连。

从通信层次上考虑,广域网和局域网的区别很大,因为局域网使用的协议主要在数据链路层(还有少量物理层的内容),而广域网使用的协议在网络层。广域网中的一个重要问题就是对路由的选择。

6.1.4　计算机网络的拓扑结构

网络拓扑是指网络中各个端点相互连接的方法和形式。网络拓扑结构反映了组网的一种几何形式。计算机网络的拓扑结构主要有总线型、星型、环型和网状拓扑结构。

1.总线型拓扑结构

总线型拓扑结构采用单根数据传输线作为通信介质,所有的站点都通过相应的硬件接口直接连接到通信介质,而且能被所有其他的站点接收,如图 6-2 所示。总线型网络结构中的节点为服务器或工作站,通信介质为同轴电缆。由于所有的节点共享一条公用的传输链路,所以一次只能由一个设备传输,这样就需要某种形式的访问控制策略来决定下一次由哪个节点发送。一般情况下,总线型网络采用载波监听多路访问/冲突检测(CSMA/CD)控制策略。

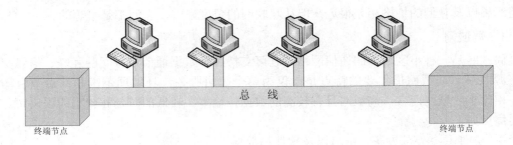

图 6-2　总线型网络拓扑结构图

总线型拓扑结构在局域网中得到了广泛的应用，主要有以下优点：

◇　布线容易，易于安装。

◇　电缆用量少，安装费用低。

◇　结构简单，可靠性高。

总线型拓扑结构虽然有许多优点，但也有局限性：

◇　故障诊断困难：总线型网络不是集中控制，故障检测需在各个节点进行。

◇　故障隔离困难：故障发生时不能简单撤销某主机，否则会切断整个网络。

◇　中继器配置困难：通信介质某一接口点出现故障，整个网络随即瘫痪。

2．星型拓扑结构

星型拓扑结构是由中央节点和通过点到点链路连接到中央节点的各节点组成。星型拓扑结构的交换方式有电路交换和报文交换，尤以电路交换更为普遍。一旦建立了通道连接，就可以在连通的两个节点之间实现无延迟数据传送。工作站到中央节点的线路是专用的，不会出现网络瓶颈现象。在星型拓扑结构中，中央节点为集线器(HUB)，其他外围节点为服务器或工作站，通信介质为双绞线或光纤，如图 6-3 所示。星型拓扑结构被广泛地应用于网络中智能控制主要集中于中央节点的场合。由于所有节点的向外传输都必须经过中央节点来处理，因此，星型拓扑结构对中央节点的要求比较高。

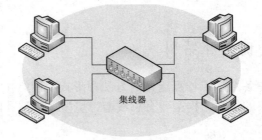

图 6-3　星型拓扑结构图

星型拓扑结构有以下优点：

◇　可靠性高：单个连接的故障只影响一个设备，不会影响到其他设备。

◇　方便服务：利用中央节点可方便地提供服务和进行网络重新配置。

◇　故障容易诊断、排查。

星型拓扑结构虽有许多优点，但也有缺点：

◇　扩展困难、安装费用高：增加网络新节点时，无论有多远，都需要与中央节点直接连接，布线困难且费用高。

　◇　外围节点对中央节点的依赖性强：如果中央节点出现故障，则整个网络都不
　　　能正常工作。

3. 环型拓扑结构

　　环型拓扑结构是一个像环一样的闭合链路，在链路上有许多中继器和通过中继器连接
到链路上的节点。在环型网中，所有的通信共享一条物理通道，即连接网中所有节点的点
到点链路，如图 6-4 所示。

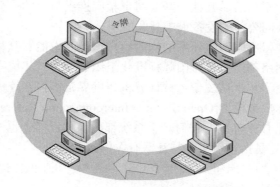

图 6-4　环型拓扑结构图

　　环型拓扑结构具有以下优点：

　◇　电缆长度短：环型拓扑结构所需电缆长度与总线型相当，但比星型要短。

　◇　单向传输：适用于光纤，以便提高网络的速度和加强抗干扰的能力。

　◇　采用点到点通信链路，传输信息误码率小。

　　环型拓扑结构具有以下缺点：

　◇　可靠性差：任意节点间的电缆或中继器故障都会导致整个网络故障。

　◇　网络调整困难：不论是扩大或缩小，都是比较困难的。

　◇　故障诊断困难：难以对故障发生点定位。

4. 网状型拓扑结构

　　网状型拓扑结构的各节点通过传输线相互连接起来，并且任何一个节点都与其他至少
两个节点相连。其网络拓扑结构如图 6-5 所示。

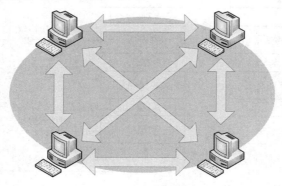

图 6-5　网状型拓扑结构图

网状型拓扑结构具有较高的可靠性，但其实现起来费用高、结构复杂、不易管理和维护，在局域网中很少采用，在广域网中常采用部分网状连接的形式，以节省经费。

6.1.5　OSI 参考模型

1974 年，美国 IBM 公司对外公布了其研发的网络标准系统网络体系结构(System Network Architecture，SNA)，该标准就是按照分层的方法制定的，是世界上使用较为广泛的一种网络系统结构。不久后，其他一些公司也相应推出自己的一套体系结构，并采用了不同的名称，这导致不同公司的设备很难互联成网。

全球经济的发展使得不同网络体系结构的用户迫切要求能够互相交换信息，为了使不同体系结构的计算机网络都能互连，国际标准化组织于 1977 年成立了专门机构研究该问题。不久，他们就提出了一个试图使各种计算机在世界范围内互连成网的标准框架，即著名的开放系统互联基本参考模型(Open Systems Interconnection Reference Model，OSI/RM)。"开放"是指只要遵守 OSI 标准，任何一个系统都可以和世界上也同样遵守该标准的其他系统进行通信，"系统"是指在现实中与互联有关的接入部分。

国际标准化组织于 1983 年正式公布了 OSI 参考模型的正式文件，OSI 参考模型将计算机网络分为七层，如图 6-6 所示。

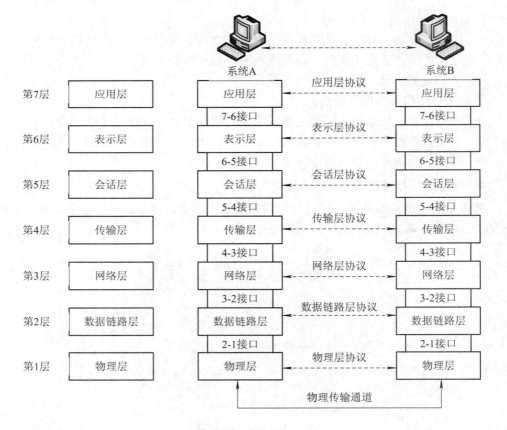

图 6-6　OSI 七层网络模型

作为一个抽象的概念，OSI 参考模型仅仅是国际标准化组织给予的建议，目的是为了使各层上的协议满足国际标准的统一化。OSI 参考模型本身不是网络体系结构的全部内容，这是因为它并未确切地描述出用于各层的协议和服务，它仅仅是告诉我们每一层应该做什么。

1．物理层(Physical Layer)

物理层用来传输原始数据电平信号的比特流，提供为建立、维护和拆除物理链路链接所需的各种传输介质、通信接口特性等。

物理层是 OSI 参考模型的最底层，它直接与物理信道相连，起到数据链路层和传输媒体之间的逻辑接口作用，提供建立、维护和释放物理链接的方法，实现在物理信道上进行比特流传输的功能。

2．数据链路层(Data Link Layer)

在物理层提供比特流服务的基础上，建立相邻节点之间的数据链路，通过差错控制提供数据帧在信道上无差错的传输，并进行数据流量控制。

数据链路层是 OSI 参考模型的第二层，它通过物理层提供的比特流服务，在相邻节点之间建立链路，传送以帧为单位的数据信息，并且对传输过程中可能出现的差错进行检错和纠错，向网络层提供无差错的透明传输。

数据链路层的有关协议和软件是计算机网络中的基础部分，在任何网络中数据链路层是必不可少的层次。相对高层而言，它所有的服务协议都比较成熟。

3．网络层(Network Layer)

网络层为传输层的数据传输提供建立、维护和终止网络连接的手段，把上层来的数据组织成数据包在节点之间进行交换传送，而且负责路由控制和拥塞控制。

计算机网络分为资源子网和通信子网，网络层就是通信子网的最高层，它在数据链路层所提供服务的基础上，向资源子网提供服务。

数据链路层只是负责同一个网络中的相邻两节点之间链路管理及帧的传输等问题。当两个节点连接在同一个网络时，可能并不需要网络层，只有当两个节点分布在不同的网络中时，才会涉及网络层的功能，保证数据包从源节点到目的节点的正确传输。

网络层需要负责确定在网络中采用何种技术，确保数据从源节点出发选择一条通路通过中间的节点，将数据包最终送达到目的节点。

4．传输层(Transport Layer)

传输层为上层提供端到端的透明的、可靠的数据传输服务。所谓透明的传输是指在通信过程中传输层对上层屏蔽了通信传输系统的具体细节。

传输层是资源子网与通信子网的接口和桥梁，它完成资源子网中两节点间的直接逻辑通信，实现通信子网端到端的可靠传输。传输层在七层网络模型的中间起到承上启下的作用，是整个网络体系结构中的关键部分。

由于通信子网向传输层提供通信服务的可靠性有差异，所以无论通信子网提供的服务可靠性如何，经传输层处理后都应向上层提交可靠的、透明的数据传输。

如果通信子网的功能完善、可靠性高，则传输层的任务就比较简单；若通信子网提供

的质量很差，则传输层的任务就复杂，以补会话层所要求的服务质量和网络层所能提供的服务质量之间的差距。

5．会话层(Session Layer)

会话层为表示层提供建立、维护和结束会话连接的功能，并提供会话管理服务。它利用传输层提供的端到端的服务，向表示层或会话用户提供会话服务。

在 OSI 参考模型中，所谓一次会话，就是指两个用户进程之间为完成一次完整的通信而进行的过程，包括建立、维护和结束会话连接。会话协议的主要目的就是提供一个面向用户的连接服务，并对会话活动提供有效的组织和同步所需的手段，对数据传送提供控制和管理。

6．表示层(Presentation Layer)

表示层为应用层提供信息表示方式的服务，如数据格式的交换、文本压缩、加密技术等。

表示层处理的是传递信息的表示方式，它不像 OSI 参考模型的一至五层，只关心将信息可靠地从一端传输到另外一端，它主要涉及被传输信息(文字、图形、声音)的内容和表示形式。另外，数据压缩、数据加密等工作都是由表示层负责处理的。

7．应用层(Application Layer)

应用层为网络用户或应用程序提供各种服务，如文件传输、电子邮件、分布式数据库和网络管理等。

应用层是 OSI 参考模型的最高层，它是计算机网络与最终用户间的接口，它包含系统管理员管理网络服务所收集的所有问题和基本功能。它在 OSI 参考模型的一至六层提供的数据传输和数据表示等各种服务的基础上，为网络用户或应用程序提供完成特定网络服务功能所需的各种应用协议。

常用的网络服务包括文件传输服务、电子邮件服务、打印服务、集成通信服务、目录服务、网络管理服务、安全服务、多协议路由与路由互联服务、分布式数据库服务和虚拟终端服务等。

6.2 TCP/IP 协议基础

1973 年美国斯坦福大学两名研究员率先提出了 TCP/IP 协议，并于 1983 年被 BSD 4.2 系统所采用。随着 UNIX 系统的发展，TCP/IP 协议逐步成为互联网的标准网络协议。尽管 TCP/IP 协议不是 ISO 标准，但广泛的使用也使得 TCP/IP 协议成为一种"实际上的标准"，并形成了 TCP/IP 参考模型。值得一提的是：OSI 参考模型的制定，也参考了 TCP/IP 协议及其分层体系结构的思想，而 TCP/IP 协议在不断发展的过程中也吸收了 OSI 标准中的概念及特征。

6.2.1 TCP/IP 基本概念

TCP/IP(Transmission Control Protocol/Internet Protocol，传输控制协议/网络协议)从严

格意义上说是一个符合工业标准的协议集，除了 TCP 和 IP 这两个主要协议外，还有许多其他成员，如图 6-7 所示。

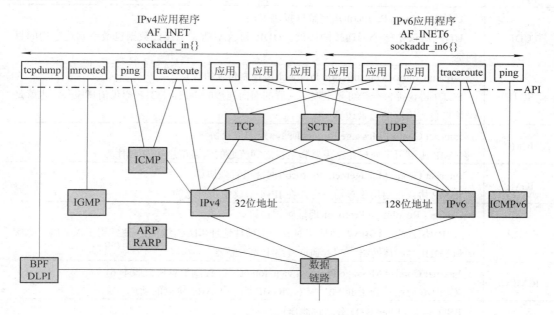

图 6-7　TCP/IP 协议集

图 6-7 中同时展示了 IPv4 和 IPv6，关于两者的具体含义见表 6-1。图中最右面的 5 个网络应用使用 IPv6，左边的 7 个网络应用则使用 IPv4。

图中名为 tcpdump 的网络应用，使用 BSD 分组过滤器(BSD Packet Filter，BPF)，或者使用数据链路提供的接口(Datalink Provider Interface，DLPI)直接与数据链路进行通信。除 mronted 以外，下面用虚线标记为 API 的 11 个应用通常是套接字或 XTI，访问 BPF 或 DLPI 的接口不使用套接字或 XTI。此外，图中还标明 traceoute 程序使用两种套接字：IP 套接字用于访问 IP，ICMP 套接字用于访问 ICMP。

TCP/IP 协议集中常见协议及功能如表 6-1 所示。

表 6-1　TCP/IP 协议集一览表

协　　议	描　　述
IPv4	Internet Protocol version 4(网际协议版本 4) 20 世纪 80 年代以来一直是网际协议集中的主力协议，使用 32 位地址，IPv4 给 TCP、UDP、SCTP、ICMP 和 IGMP 提供分组递送服务
IPv6	Internet Protocol version 6(网际协议版本 6) 设计于 20 世纪 90 年代中期，用于替代 IPv4 的协议，主要变化是使用 128 位更大地址以应对互联网的爆发性增长，主要功能与 IPv4 类似
TCP	Transmission Control Protocol(传输控制协议) TCP 协议是面向连接的协议，为用户进程提供可靠的全双工字节流。TCP 协议主要关心确认、超时和重传之类的细节

协 议	描 述
UDP	User Datagram Protocol(用户数据报协议) UDP 协议是一个无连接的协议，UDP 协议不能完全保证数据包最终到达它们的目的地
SCTP	Stream Control Transmission Protocol(流控制传输协议) SCTP 协议提供一个可靠全双工关联的面向连接的协议，SCTP 提供消息服务，也就是维护来自应用层的记录边界
ICMP	Internet Control Message Protocol(网际控制消息协议) ICMP 协议用于处理在路由器和主机之间流通的错误信息和控制消息
IGMP	Internet Group Management Protocol(网际组管理协议) IGMP 协议主要用于多播发送，在 IPv4 协议中是可选的
ARP	Address Resolution Protocol(地址解析协议) ARP 协议把一个 IPv4 地址映射成一个硬件地址(MAC 地址)，通常用于以太网、令牌卡和 FDDI 等广播网络，在点到点网络上并不需要
ICMPv6	Internet Control Message Protocol vaersion 6(网际控制消息协议版本 6) ICMPv6 协议综合了 ICMP 协议、IGMP 协议和 ARP 协议的功能
BPF	BSD packet filter(BSD 分组过滤器) BPF 协议提供对于数据链路层的访问能力，通常出现在 BSD 内核的系统中
DLPI	Datalink Provider Interface(数据链路提供者接口) DLPI 接口也提供对于数据链路层的访问能力，通常出现在 UNIX SVR4 内核的系统中

6.2.2 TCP/IP 网络模型

TCP/IP 协议是 OSI 参考模型之前的产物，因此两者间不存在严格的层对应关系。在 TCP/IP 协议中并不存在与 OSI 参考模型中的物理层与数据链路层直接相对应的层，相反，由于 TCP/IP 协议的主要目标是致力于异构网络的互联，因此对物理层与数据链路层部分没有作任何限定。TCP/IP 协议分为四层，由下而上分别为网络接口层、网际层、传输层和应用层，如图 6-8 所示。

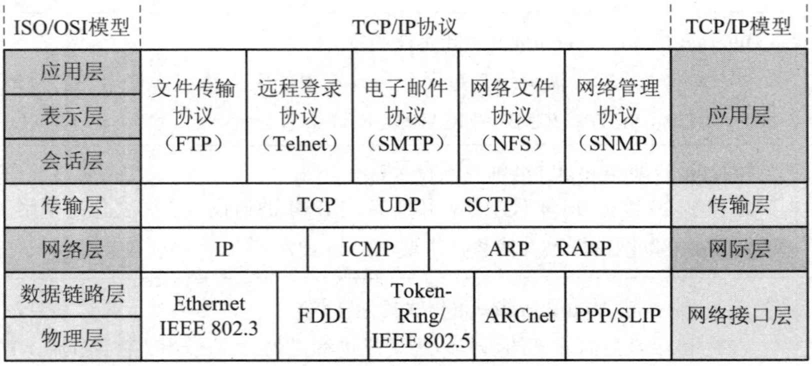

ISO/OSI模型	TCP/IP协议					TCP/IP模型
应用层	文件传输协议（FTP）	远程登录协议（Telnet）	电子邮件协议（SMTP）	网络文件协议（NFS）	网络管理协议（SNMP）	应用层
表示层						
会话层						
传输层	TCP UDP SCTP					传输层
网络层	IP	ICMP		ARP RARP		网际层
数据链路层	Ethernet IEEE 802.3	FDDI	Token-Ring/IEEE 802.5	ARCnet	PPP/SLIP	网络接口层
物理层						

图 6-8 TCP/IP 模型与 OSI 模型的对比

OSI 参考模型和 TCP/IP 协议都采用了协议分层方法，将庞大且复杂的问题划分为若干个较为容易处理的范围较小的问题；相应协议层的功能大体上相似，都存在网络层、传输层和应用层；二者都可以解决异构网络的互联，实现来自不同厂家的计算机之间的通信；OSI 参考模型是国际通用的参考模型，而 TCP/IP 协议作为事实标准，是当前使用最多的协议；两者都基于一种协议集的概念，协议集就是一簇完成特定功能的相互独立的协议。

1. 网络接口层

网络接口层也被称为网络访问层，包括了能使用 TCP/IP 协议与物理网络进行通信的协议，它对应 OSI 参考模型的物理层和数据链路层。TCP/IP 协议并没有对网络接口层进行具体定义。

2. 网际层

网际层是在 TCP/IP 协议中正式定义的第一层。网际层所执行的主要功能是处理来自传输层的分组，并将分组形成 IP 数据包，为该数据包进行路径选择，最终将数据从源主机发送到目的主机。在网际层中，最常用的协议是网际协议 IP，其他一些协议用来协助 IP 的操作。

3. 传输层

TCP/IP 协议的传输层也被称为主机至主机层，与 OSI 参考模型的传输层类似，该层主要负责主机到主机之间的端对端通信。另外，该层使用了两种协议来支持两种数据的传送，即 TCP 协议和 UDP 协议。

4. 应用层

在 TCP/IP 协议中，应用程序接口是最高层，它与 OSI 参考模型中的高三层的任务相同，用于提供网络服务，例如文件传输、远程登录、域名服务和简单网络管理等。

6.2.3　TCP 和 UDP 协议

TCP/IP 协议传输层使用最广泛的两个协议分别是 TCP 协议和 UDP 协议。UDP 套接口是数据报套接字(Datagram Socket)的一种，而 TCP 套接口是字节流套接字(Stream Socket)的一种。

1. 端口

TCP/IP 协议传输层主要任务是向位于不同主机(有时候位于同一主机)上的应用程序提供端到端的通信服务。为了区分应用程序，TCP 和 UDP 协议引入了端口号的概念，端口号本质上是一个 16 位的整数。

有些众所周知的端口号已经被永久性地注册给特定的应用程序(也称为服务)，例如 SSH(安全保护协议)使用的端口号为 22，HTTP(超文本传输协议)使用的端口号为 80。这些注册端口号一般在 0～1023 范围内，它们是由互联网号码分配局(The Internet Assigned Numbers Authority，IANA)来分配的。大多数 TCP/IP 实现中，范围在 0～1023 之间的端口号也是特权端口号(保留端口号)，这意味着只有特权进程才可以绑定到这些端口上，从而防止了普通用户通过编写恶意程序来获取密码。

尽管端口号相同的 TCP 和 UDP 端口是不同的实体，但通常情况下，一个端口号只会分配一个服务，即使该服务通常只提供了一种协议(TCP 或 UDP)，这种管理避免了端口号在两个协议中产生混淆的情况。

如果一个应用程序没有选择一个特定的端口号，那么 TCP 和 UDP 会为该应用程序提供一个唯一的临时端口。这种情况下，应用程序通常是一个客户端，与它所使用的端口号没有任何关系。IANA 将处于 49152～65535 之间的端口称为动态或私有端口，这表示这些端口可供本地应用程序使用或作为临时端口分配。

2．UDP 协议

UDP 协议仅仅在 IP 协议之上添加了两个特性：端口和一个进行传输数据错误检测的数据校验和。

与 IP 协议一样，UDP 协议也是无连接的，由于它并没有在 IP 之上增加可靠性，因此 UDP 是不可靠的。应用程序往一个 UDP 套接字写入一个消息，该消息随后被封装到一个 UDP 数据报，该 UDP 数据报进而又被封装成一个 IP 数据报，然后发送到目的地。UDP 协议不保证 UDP 数据报会到达其最终目的地，不保证跨网后数据报的先后顺序与之前的保持一致，也不保证每个数据报都能到达一次。

使用 UDP 协议进行网络编程所遇到的问题使它缺乏可靠性。如果一个数据报到达了其最终目的地，但是校验和检测发现有错误，或者该数据报在网络传输中被丢弃了，它就无法被投递给 UDP 套接字，也不会被源端自动重传。每个 UDP 数据报都有一个长度，如果一个数据报能正确地到达其目的地，那么该数据报的长度将随数据一道传递给接收端的应用程序。如果一个基于 UDP 协议的应用程序需要确保可靠性，那么这项功能就必须要在应用程序中予以实现，例如来自对目的端的确认、本端的超时与重传等。

UDP 提供的服务是无连接的，是指 UDP 客户端和服务器之间不必存在任何长期的联系。举例来说，一个 UDP 客户端可以创建一个套接字，并发送一个数据报给一个给定的服务器，然后立即用同一个套接字发送另一个数据报给另一个服务器。同样地，一个 UDP 服务器可以用一个 UDP 套接字从若干个不同的客户端接收数据报，每个客户端接收一个数据报。

3．TCP 协议

TCP 协议提供给应用程序的服务不同于 UDP 协议，TCP 协议在两个端点(即应用程序)之间提供了可靠的、面向连接的、双向字节流的通信信道，如图 6-9 所示。

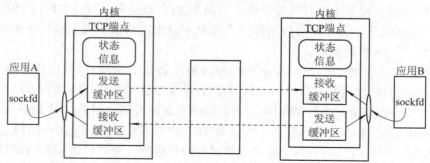

图 6-9　TCP 协议通信过程

TCP 协议提供了客户端和服务器之间的连接。TCP 客户端首先给某个给定服务器建立一个连接，然后再通过该连接与服务器进行数据交换，最后终止这个连接。

  TCP 协议保证了数据传输的可靠性。当 TCP 一端向另一端发送数据时，它要求另一端返回一个"确认"，如果没有收到"确认"，TCP 就会自动多次重传数据，在数次重传失败后才会放弃。

  TCP 协议提供了用于动态估算客户端和服务器之间往返时间(Round-Trip Time，RTT)的算法，以便知道等待一个"确认"需要多长时间。举例来说，因为 RTT 受网络流通各种变化因素影响，它在一个局域网的时间上大约是几毫秒，跨越一个广域网可能是数秒。TCP 还会持续估算一个给定连接的 RTT。

  TCP 协议给其中每个分节(TCP 传递数据的基本单元)关联一个序列号，以方便对所发送的数据进行排序。例如，假设一个应用将 2048 个字节写到一个 TCP 套接字，导致 TCP 发送 2 个分节(第一个分节所包含数据的序列号为 1～1024，第二个分节所包含数据的序列号为 1025～2048)，如果这些分节不是依次(序列号)到达，接收端 TCP 将先根据它们的序列号重新排序，再把结果数据传递给接收应用。如果接收端 TCP 接收来自对端的重复数据，它可以判定数据是重复的，从而丢弃重复数据。

  TCP 协议提供了流量控制。TCP 总是告知对端在任意时刻它一次能够从对端接收多少字节的数据，这称为通告窗口。在任意时刻，该窗口指出接收缓冲区中当前可用的空间，从而确保发送端发送的数据不会从接收缓冲区溢出。该窗口时刻都在变化：当接收到来自发送端的数据后，窗口就会减小；当接收端应用从缓冲区读取数据后，窗口就会增大。

  TCP 协议提供的连接是全双工的，这意味着在一个给定的连接上，一个 TCP 端点可以在同一时刻既发送数据又接收数据。

6.2.4　IP 协议

  网际协议(Internet Protocol，IP)是网际层使用最多的协议，它的主要任务是对数据包进行相应的寻址和路由，并从一个网络转发到另一个网络。IP 协议在每个发送的数据包前加入一个控制信息，其中包含了源主机的 IP 地址、目标主机的 IP 地址和一些其他信息。

  IP 协议可以主动分割和重编传输层的数据包。当数据包要从一个网络路由到另一个网络时，若两个网络所支持传输的数据包大小不相同，IP 协议就要在发送端将数据包分割，然后在分割的每一段前再加入控制信息进行传输。接收端接收到数据包后，IP 协议将所有的片段重新组合成原始的数据包。

  IP 协议是一个无连接的协议。无连接是指主机间通信不必建立端到端的连接，源主机只是简单地将 IP 数据包发送出去，数据包可能会丢失、重复、乱序或者延时到达。因此，若要实现数据包的可靠传输，就必须在高层协议或应用程序中实现，如 TCP 协议所在的传输层。

  网络中对主机的识别主要依靠地址，而保证地址的全网唯一性是需要解决的问题。在任何一个物理网络中，各个节点的设备必须都有一个可以识别的地址，才能使信息进行交换，这个地址称为"物理地址"。单纯使用网络的物理地址通信会有以下问题：

(1) 物理地址是物理网络技术的体现，不同的物理网络，其物理地址各不相同。

(2) 物理地址被固化在网络设备中，通常不能修改。

(3) 物理地址是非层次化地址，只能标识单个设备，无法标识出设备连接的网络。

IP 编址方案解决了物理地址的不足，它采用一种全局通用的地址格式，为每一个网络和每一台主机分配一个 IP 地址，以此屏蔽物理网络地址的差异。通过 IP 协议把主机原来的物理地址隐藏起来，在网际层中使用统一的 IP 地址。

IP(特指 IPv4)地址由 32 位组成，主要包括三部分：地址类别、网络号和主机号，如图 6-10 所示。

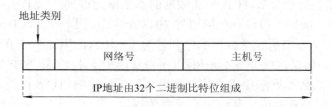

图 6-10　IP 地址的结构

IP 地址以 32 位二进制数字形式表示，不适合阅读和记忆。为了便于用户阅读和理解 IP 地址，互联网管理委员会采用了一种"点分十进制"的表示方法，将 IP 地址分为 4 个字节(每个字节 8 位)，且每个字节用十进制表示，并用点号"."隔开，如图 6-11 所示。

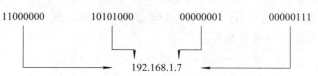

图 6-11　IP 地址的表达方式

IP 地址分为五种类型：A 类、B 类、C 类、D 类和 E 类，如图 6-12 所示。

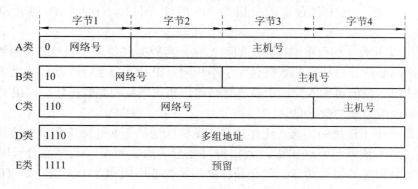

图 6-12　IP 的分类

(1) A 类地址。A 类地址的网络数为 128 个，每个网络包含的主机数为 2^{24}，A 类地址的理论范围是 0.0.0.0～127.255.255.255。由于全为 0 和全为 1 的网络号用于特殊目的，所以 A 类地址有效的网络数为 126 个，其范围是 1～126。另外，全为 0 和全为 1 的主机号也有特殊作用，所以每个网络号包含的主机数应该是 $2^{24}-2$ 个。因此，一台主机能使用的 A 类地址的有效范围是：1.0.0.1～127.255.255.254。

(2) B 类地址。B 类地址网络数为 214 个。B 类地址的理论范围为 128.0.0.0～191.255.255.255。与 A 类地址类似，一台主机能使用的 B 类地址的有效范围是：128.0.0.1～191.255.255.254。

(3) C 类地址。C 类地址网络数为 221 个，每个网络号所包含的主机数为 256(实际有效的为 254)。C 类地址网络的理论范围为 192.0.0.0～223.255.255.255，同样一台主机能使用的 C 类地址的有效范围是：192.0.0.1～223.255.255.254。

(4) D 类地址。D 类地址用于组播，组播就是同时把数据发送给一组主机，只有那些已经登记可以接收组播地址的主机，才能接收组播数据包。D 类地址的范围是 224.0.0.0～239.255.255.255。

(5) E 类地址。E 类地址是为将来预留的，同时也可以用于实验目的，它们不能分配给主机。

(6) 特殊的 IP 地址。特殊的 IP 地址主要包括以下几类：

① 网络地址：子网中第一个地址就是网络地址，包括整个网络或者网络中所有主机。例如 C 类网络 IP 中主机地址为 0 的地址(如 192.168.16.0)，就是网络地址。

② 广播地址：指同时向网上所有的主机发送报文，是子网中的最后一个地址。例如，192.168.16.255 就是 C 类地址中的一个广播地址，如果将信息送到此地址，就是将信息发送到网络号为 192.168.16 的所有主机。

③ 回环地址：特指 127.0.0.1，用于测试网卡驱动程序。例如 TCP/IP 协议是否正确安装，网卡是否正常工作。

④ 私有 IP 地址：IANA(Internet Assigned Numbers Authority)将 A、B、C 类地址的一部分保留下来，没有分配给任何组织，在将来也不会分配给任何组织，这些 IP 作为内部 IP 地址使用。在表 6-2 中给出了被保留的私有地址。

表 6-2　被保留的私有地址

类	IP 地址范围	网络号	网络数
A	10.0.0.0～10.255.255.255	10	1
B	172.16.0.0～172.31.255.255	172.16～172.31	16
C	192.168.0.0～192.168.255.255	192.168.0～192.168.255	256

当局域网通过路由设备与广域网连接时，路由设备会自动将该地址段的信号隔离在局域网内部，因此，完全不用担心 IP 地址冲突。在 IP 地址资源非常紧张的今天，大多数企业网络所拥有的 IP 地址比较少，甚至有的企业只有一个，这时在企业内部必须采用私有 IP 地址，因此这种技术手段被越来越广泛地应用于各种类型的网络中。

私有 IP 地址的计算机通过路由设备联网时需要使用 NAT(网络地址转换)技术，NAT 技术主要用于获取私有 IP 地址并将它们转换成可在互联网上使用的地址。例如：使用私有 IP 地址的计算机向外发送信息，路由设备得到信息以后，将需要访问外部网络的数据包里面的私有 IP 地址替换为某个外网 IP 地址，然后发送出去。在外部看来，所有信息都

是由外网 IP 地址发送的，但对内部来讲，实现了分享上网的目的。

6.2.5 字节序

由于不同计算机系统采用不同的字节序存储数据，同样一个 4 字节的 32 位整数在内存中存储的方式就不同，这称为本地字节序。字节序分为小端字节序和大端字节序，Intel 处理器大多数使用大端字节序，Motorola 处理器大多数使用小端字节序。小端字节序是指低位字节存放在内存的低地址处，与此相反，大端字节序指的是高位字节存储在内存的低地址处。

如果进程只在单机环境下运行，并且不和其他进程打交道，那么完全可以忽略字节序的存在，但是，如果进程需要跟其他计算机上的进程进行交互，尤其是将计算机上运算的结果共享到计算机集群上去，就必须考虑字节序的问题了。

TCP/IP 协议进行网络数据传输时，规定好一种数据表示格式，它与具体的 CPU 类型、操作系统等无关，从而保证了数据在不同主机之间传输时能够被正确解释，这称为网络字节序。值得关注的是，网络字节序统一采用大端字节序。

因此，当两台采用不同字节序的主机通信时，在发送数据之前，必须先将本地字节序转化为网络字节序再进行发送；在收到数据之后，应先将网络字节序转化为本地字节序再进行后续使用。

1．本地字节序转换成网络字节序

函数 htonl()和 htons()用于将本地字节序转化为网络字节序，其函数原型如下：

```
#include <arpa/inet.h>

uint32_t htonl(uint32_t hostlong);
uint16_t htons(uint16_t hostshort);
```

函数 htonl()主要用于将 32 位的整型数据从本地字节序转化为网络字节序，而函数 htons()主要用于将 16 位的整型数据从本地字节序转化为网络字节序。

2．网络字节序转换成本地字节序

函数 ntohl()和 ntohs()用于将网络字节序转化为本地字节序，其函数原型如下：

```
#include <arpa/inet.h>

uint32_t ntohl(uint32_t hostlong);
uint16_t ntohs(uint16_t hostshort);
```

函数 ntohl()主要用于将 32 位的整型数据从网络字节序转化为本地字节序，而函数 ntohs()主要用于将 16 位的整型数据从网络字节序转化为本地字节序。

6.3 Socket(套接字)编程基础

作为一种进程间的通信方式，Socket 允许主机自身或经由网络连接起来的不同主机上的应用程序之间进行数据交换。第一个被广泛接受的 Socket API 实现于 1983 年，出现在

4.2 BSD 系统中。现如今，这组 API 已经移植到了所有的 UNIX/Linux 系统以及其他大多数操作系统上了。

6.3.1 Socket 地 址 结 构

在 Socket API 的实现中，相当一部分函数都需要使用 Socket 地址结构指针作为传递参数，更为复杂的是，不同的 Socket 地址族往往对应于不同的地址结构。

1. struct sockaddr 地址结构

为了兼容不同类型的网络通信地址族，Socket API 定义了一个通用的 struct sockaddr 地址结构，实现了不同网络地址结构的统一表示。这使得不同的地址结构可以被 bind()、connect()、recvfrom()、sendto()等函数调用，其结构原型如下：

```
#include <bits/socket.h>

#define __SOCKADDR_COMMON(sa_prefix) sa_family_t sa_prefix##family

struct sockaddr
{
    __SOCKADDR_COMMON (sa_); /* Common data: address family and length.   */
    char sa_data[14];             /* Address data.   */
};
```

struct sockaddr 往往用于统一 Socket API 函数的参数类型，而不用于指定具体的地址族的地址。

2. struct sockaddr_un 地址结构

struct sockaddr_un 地址结构主要用于存储 UNIX Domain 地址族的地址，其结构原型如下：

```
#include <sys/un.h>

#define __SOCKADDR_COMMON(sa_prefix) sa_family_t sa_prefix##family

struct sockaddr_un
{
    __SOCKADDR_COMMON (sun_);
    char sun_path[108];            /* Path name.   */
};
```

struct sockaddr_un 中，成员 sun_family 用于指定通信地址族；成员 sun_path 用于指定通信套接字地址。

3. struct sockaddr_in 地址结构

struct sockaddr_in 地址结构主要用于存储 Internet Domain 地址族的地址，其结构原型如下：

```
#include   <netinet/in.h>

#define __SOCKADDR_COMMON(sa_prefix) sa_family_t sa_prefix##family
#define __SOCKADDR_COMMON_SIZE   (sizeof (unsigned short int))

typedef uint16_t in_port_t;
typedef uint32_t in_addr_t;

struct in_addr
{
    in_addr_t s_addr;
};

struct sockaddr_in
{
    __SOCKADDR_COMMON (sin_);
    in_port_t sin_port;                 /* Port number.   */
    struct in_addr sin_addr;            /* Internet address.   */

    /* Pad to size of `struct sockaddr'.   */
    unsigned char sin_zero[sizeof (struct sockaddr) -
                       __SOCKADDR_COMMON_SIZE -
                       sizeof (in_port_t) -
                       sizeof (struct in_addr)];
};
```

    struct sockaddr_in 中，成员 sin_family 用于指定套接字地址族；成员 sin_port 用于指定套接字端口号；成员 sin_addr 用于指定套接字网络地址，其类型为 struct in_addr；成员 sin_zero 用以补齐当前结构大小。

    struct int_addr 中，只有一个成员 s_addr，以整数的形式指定套接字的网络地址。

6.3.2 Socket 地址转换

    inet()函数族主要用于实现 Socket 地址的转换，其函数原型如下：

```
#include <sys/socket.h>
#include <netinet/in.h>
#include <arpa/inet.h>

int inet_aton(const char *cp, struct in_addr *inp);
char *inet_ntoa(struct in_addr in);
in_addr_t inet_addr(const char *cp);
```

```
in_addr_t inet_network(const char *cp);
```

其中，函数 inet_aton()主要用于将字符串形式的 IP 地址转换成 struct in_addr 类型；函数 inet_ntoa()主要用于将 struct in_addr 类型的 IP 地址转化成字符串类型；函数 inet_addr()主要用于将字符串形式的 IP 地址转换成 32 位整型类型；函数 inet_network()也主要用于将字符串形式的 IP 地址转换成 32 位整型类型，与函数 inet_addr()不同的是，函数 inet_network()转换完成后的结果为本地字节序，而函数 inet_addr()转换完成后的结果为网络字节序。

【示例 6-1】 使用 inet()函数族实现任意网络地址的转换。

```c
#include <unistd.h>
#include <stdlib.h>
#include <stdio.h>
#include <sys/socket.h>
#include <netinet/in.h>
#include <arpa/inet.h>

int main(int argc, char **argv, char **arge)
{
        char *cp = "192.168.1.87";
        struct sockaddr_in svaddr = {0};

        // 01. inet_aton，字符串->结构
        inet_aton(cp, &svaddr.sin_addr);
        printf("inet_aton(%s) = %d\n", cp, svaddr.sin_addr.s_addr);

        // 02. inet_ntoa，结构->字符串
        char *obj = NULL;
        obj = inet_ntoa(svaddr.sin_addr);
        printf("inet_ntoa(%d) = %s\n", svaddr.sin_addr.s_addr, obj);

        // 03. inet_addr，字符串->整型(网络字节序)
        in_addr_t netIP = inet_addr(cp);
        printf("inet_addr(%s) = %d\n", cp, netIP);
        printf("ntohl(%d) = %d\n", netIP, ntohl(netIP));

        // 04. inet_network，字符串->整型(本地字节序)
        in_addr_t hostIP = inet_network(cp);
        printf("inet_network(%s) = %d\n", cp, hostIP);
        printf("htonl(%d) = %d\n", hostIP, htonl(hostIP));

        exit(0);
```

}

程序编译运行结果如下：

```
[root@instructor 06]# ./netAddr
inet_aton(192.168.1.87) = 1459726528
inet_ntoa(1459726528) = 192.168.1.87
inet_addr(192.168.1.87) = 1459726528
ntohl(1459726528) = -1062731433
inet_network(192.168.1.87) = -1062731433
htonl(-1062731433) = 1459726528
```

6.3.3 Socket 基本属性

Linux 网络编程是通过 Socket API 来实现的，Socket 既是一种进程间通信模型，也是一种特殊的文件。当用户使用函数 socket()创建一个 Socket 时，需要指定 Socket 的三个属性——域、类型和协议，分别用于指定通信地址族、数据传输格式和通信协议。

1. 域(Domain)

域指定了 Socket 编程模型中通信双方的地址族，其类型为 int，常见的取值如表 6-3 所示。

表 6-3　Socket 域指定的协议族

域类型	取　值	含　义
int	AF_INET	IPv4 协议
	AF_INET6	IPv6 协议
	AF_LOCAL	UINX 协议
	AF_IPX	Novell IPX 协议
	AF_APPLETALK	Appletalk DDS

网络编程中最常用的 Socket 域取值是 AF_INET 或 AF_INET6。其中，IPv6 协议是下一代互联网协议，克服了目前 IPv4 存在的一些诸如可用地址数量有限的问题，但 IPv6 目前还没有被实际应用。虽然 Linux 系统支持 IPv6 协议的实现，但是在应用中一般还是采取 IPv4 协议。

2. 类型(Type)

类型主要指定了通信双方的数据传输格式，比较常见的数据格式类型有三种：流式 Socket、数据报 Socket 和原始 Socket。

流式 Socket(SOCK_STREAM)提供可靠的、面向连接的通信流，使用 TCP 协议，从而保证了数据传输的正确性和顺序性。

数据报 Socket(SOCK_DGRAM)定义了一种无连接的服务，使用数据报 UDP 协议，通过相互独立的数据报文进行传输，协议本身不保证传输的可靠性和数据的原始顺序。

原始 Socket(SOCK_RAW)允许对底层协议(如 IP 或 ICMP)进行直接访问，功能强大，主要用于一些协议的开发。

3．协议(Protocol)

协议主要指通信双方的通信约定，但是一般情况下，当通信双方的地址域和通信数据类型确定以后，协议也就被唯一地确定了。常见的通信协议及其编码如表 6-4 所示。

表 6-4　协议参数 mode 一览表

Protocol 值	Protocol 类型
0	IP，Internet 协议
1	ICMP 协议
6	TCP协议
17	UDP协议
15	XNET协议
71	IPCV协议

6.3.4　Socket 系统调用

Linux 系统为用户提供了一整套的 Socket API，通过该 Socket API，用户可以用类似于 FIFO 通信的方式，使用 Socket 进行进程间通信。此外，Socket 还包括了计算机网络中的通信。

1．Socket 创建

使用函数 socket()建立一个 Socket，创建成功后返回一个 Socket 描述符，其函数原型如下：

```
#include <sys/types.h>          /* See NOTES */
#include <sys/socket.h>


int socket(int domain, int type, int protocol);
```

其中，参数 domain 用于指定通信地址族；参数 type 用于指定通信数据格式；参数 protocol 用于指定通信协议。一般情况下，当参数 domain 和 type 确定之后，参数 protocol 也就唯一地确定了，protocol 指定为 0，由系统指定即可。

函数 socket()执行成功，返回创建的 Socket 描述符；若执行失败，返回 −1，同时 errno 被设置成相应的值。

2．Socket 绑定地址

若要使 Socket 也可以被其他进程使用，服务器进程就必须给 Socket 绑定地址。函数 bind()主要用于将 Socket 与本地地址进行绑定，其函数原型如下：

```
#include <sys/types.h>          /* See NOTES */
#include <sys/socket.h>
```

```
int bind(int sockfd, const struct sockaddr *addr,socklen_t addrlen);
```

其中，参数 sockfd 为待绑定 Socket 的描述符；参数 addr 为本地 Socket 地址结构指针；参数 addrlen 为本地 Socket 地址结构的大小。

函数 bint()执行成功，返回 0；若执行失败，返回 −1，同时 errno 被设置成相应的值。

3．Socket 监听连接

在成功建立 Socket 并完成其与本地地址绑定后，使用函数 listen()来监听客户端的连接请求。调用函数 listen()会创建一个等待队列，在其中存放未处理的客户端连接请求，其函数原型如下：

```
#include <sys/types.h>          /* See NOTES */
#include <sys/socket.h>


int listen(int sockfd, int backlog);
```

其中，参数 sockfd 为 Socket 的描述符；参数 backlog 为请求队列中允许的最大请求数，系统默认为 5。

函数 listen()执行成功，返回 0；若执行失败，返回 −1，同时 errno 被设置成相应的值。

4．Socket 请求连接

TCP 协议中，函数 connect()用于客户端向服务器发起连接请求；而 UDP 协议是面向无连接的，因此无需使用 connect()，其函数原型如下：

```
#include <sys/types.h>          /* See NOTES */
#include <sys/socket.h>


int connect(int sockfd, struct sockaddr *addr, socklen_t *addrlen);
```

其中，参数 sockfd 为待绑定 Socket 的描述符；参数 addr 为服务器端 Socket 地址结构指针；参数 addrlen 为服务器端 Socket 地址结构的大小。

函数 connect()执行成功，返回 0；若执行失败，返回 −1，同时 errno 被设置成相应的值。

5．Socket 接受连接

服务器进程调用函数 listen()创建等待队列之后，调用 accept()函数等待并接受客户端的连接请求。函数 accept()通常从连接等待队列中取出第一个未处理的连接请求，其函数原型如下：

```
#include <sys/types.h>          /* See NOTES */
#include <sys/socket.h>


int accept(int sockfd, struct sockaddr *addr, socklen_t *addrlen);
```

其中，参数 sockfd 为 Socket 的描述符；参数 addr 为存放客户端 Socket 地址结构指针；参数 addrlen 用于存放客户端 Socket 地址结构的大小。

函数 accept()执行成功，返回客户端新的套接字描述符；若执行失败，返回 −1，同时 errno 被设置成相应的值。

6. Socket 接收数据

函数 recv()和 recvfrom()主要用于从 Socket 连接中接收数据，函数原型如下：

```
#include <sys/types.h>
#include <sys/socket.h>

ssize_t recv(int sockfd, void *buf, size_t len, int flags);
ssize_t recvfrom(int sockfd, void *buf, size_t len, int flags,
                      struct sockaddr *src_addr, socklen_t *addrlen);
```

其中，参数 sockfd 为 Socket 的描述符；参数 buf 用于指定接收数据存放缓冲区；参数 len 用于指定数据缓冲区的大小；参数 flags 用于指定接收数据标志，一般设置为 0 即可。

函数 recvfrom()中，参数 src_addr 用于存放数据发送方的网络地址结构；参数 addrlen 用于返回数据发送方地址结构的大小。

函数 recv()和 recvfrom()执行成功，返回接收到的字节数；若执行失败，返回 −1，同时 errno 被设置成相应的值。

7. Socket 发送数据

函数 send()和 sendto()用于向 Socket 连接中发送数据，其函数原型如下：

```
#include <sys/types.h>
#include <sys/socket.h>

ssize_t send(int sockfd, const void *buf, size_t len, int flags);
ssize_t sendto(int sockfd, const void *buf, size_t len, int flags,
                      const struct sockaddr *dest_addr, socklen_t addrlen);
```

其中，参数 sockfd 为 Socket 的描述符；参数 buf 用于指定发送数据缓冲区；参数 len 用于指定发送数据的大小；参数 flags 用于指定发送数据标志，一般设置为 0 即可。

函数 sendto()中，参数 dest_addr 用于指定接收方的网络地址结构；参数 addrlen 用于指定接收方网络地址结构的大小。

函数 send()和 sendto()执行成功，返回发送出的字节数；若执行失败，返回 −1，同时 errno 被设置成相应的值。

8. Socket 关闭

同操作其他普通文件描述符一样，用户也可以使用 close()函数来终止服务器与客户端的套接字连接。

```
#include <unistd.h>

int close(int fd);
```

参数 fd 用于指定待关闭 Socket 的描述符。函数 close()执行成功，返回 0；若执行失败，返回 −1，同时 errno 被设置成相应的值。

6.4　UNIX Domain

UNIX Domain Socket 编程主要用于解决同一主机系统上的进程间通信问题，根据通信数据格式划分，又分为报文 Socket 和流式 Socket。

6.4.1　报文 Socket 编程模型

在有关报文 Socket 的一般性描述中指出，报文 Socket 是不可靠的，但这个论断仅仅适用于网络传输的报文。对于 UNIX Domain 而言，报文的传输是在内核中发生的，并且是可靠的，所有的消息都会按照顺序被递送，并且不会发生重复的状况。UNIX Domain 基于报文 Socket 的编程模型如图 6-13 所示。

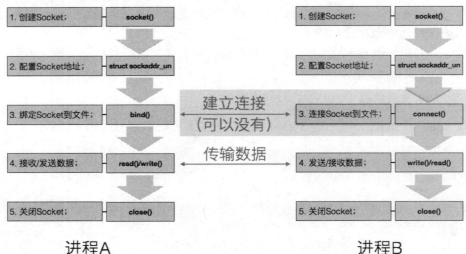

图 6-13　UNIX Domain 报文 Socket 编程模型

在 UNIX Domain 中，Socket 地址是以路径名来表示的。将一个 UNIX Domain Socket 绑定到一个地址上，需要初始化一个 sockaddr_un 结构，然后将指向这个结构的一个指针作为参数 addr 传入函数 bind()，并将参数 addrlen 指定为这个结构的大小。

【示例 6-2】　UNIX Domain 报文 Socket 程序——进程 A 实例。

```
#include <unistd.h>
#include <stdio.h>
#include <stdlib.h>
#include <sys/un.h>
#include <sys/socket.h>


int main(int argc, char **argv, char **arge)
{
    int sockfd = 0;
```

```
        char buf[1024] = {0};

        // 1. 创建 Socket
        if((sockfd = socket(AF_UNIX, SOCK_DGRAM, 0))==-1)
                perror("socket()"), exit(-1);

        // 2. 配置 Socket 地址
        struct sockaddr_un addr;
        addr.sun_family = AF_UNIX;
        strcpy(addr.sun_path, "unix.sock");

        // 3. 绑定 Socket 到文件
        if(bind(sockfd, (struct sockaddr*)&addr, sizeof(addr))==-1)
                perror("bind()"), exit(-1);

        // 4. 接收数据
        if(read(sockfd, buf, sizeof(buf))<0)
                perror("read()"), exit(-1);

        // 5. 关闭 Socket
        if(close(sockfd)==-1)
                perror("close()"), exit(-1);

        printf("revice meeeage:%s\n", buf);
        exit(0);
}
```

编译运行程序 A，结果如下：

```
[instructor@instructor c06]$ gcc unix_A.c -o unix_A
[instructor@instructor c06]$ ./unix_A  ## 首先进入阻塞状态
revice meeeage:helloWorld
[instructor@instructor c06]$ ls -l unix.sock
srwxrwxr-x. 1 instructor instructor 0 Jul  7 16:25 unix.sock
[instructor@instructor c06]$ ./unix_A ## 生成了 unix.sock 文件，删除即可
bind(): Address already in use
[instructor@instructor c06]$ rm -rf unix.sock
[instructor@instructor c06]$ ./unix_A
```

当用来绑定 UNIX Domain Socket 时，函数 bind()会在文件系统中创建一个条目(因此作为 Socket 路径名一部分的目录需要可访问和可写)，文件的所有权将根据常规文件创建规则来确定。这个文件会被标记为一个 Socket，当使用命令 ls 查看时，UNIX Domain Socket 在第一列将会显示其类型为 s。

函数 connect()与函数 bind()功能类似，都是将 Socket 描述符与 Socket 文件绑定，只是函数 bind()会主动创建 Socket 文件并完成绑定；而函数 connect()只是简单绑定，并不参与 Socket 文件的创建。

【示例 6-3】 UNIX Domain 报文 Socket 程序——进程 B 实例。

```c
#include <unistd.h>
#include <stdio.h>
#include <stdlib.h>
#include <sys/un.h>
#include <sys/socket.h>

int main(int argc, char **argv, char **arge)
{
        int sockfd = 0;

        if(argc!=2)
                printf("usage error!\n"), exit(-1);

        // 1. 创建 Socket
        if((sockfd = socket(AF_UNIX, SOCK_DGRAM, 0))==-1)
                perror("socket()"), exit(-1);

        // 2. 配置 Socket 地址
        struct sockaddr_un addr;
        addr.sun_family = AF_UNIX;
        strcpy(addr.sun_path, "unix.sock");

        // 3. 连接 Socket 到文件
        if(connect(sockfd, (struct sockaddr*)&addr, sizeof(addr))==-1)
                perror("bind()"), exit(-1);

        // 4. 发送数据
        if(write(sockfd, argv[1], strlen(argv[1]))<0)
                perror("write()"), exit(-1);

        // 5. 关闭 Socket
        if(close(sockfd)==-1)
                perror("close()"), exit(-1);

        exit(0);
}
```

编译运行程序 B，结果如下：

```
[instructor@instructor c06]$ gcc unix_B.c -o unix_B
[instructor@instructor c06]$ ./unix_B
usage error!
[instructor@instructor c06]$ ./unix_B helloWorld
```

6.4.2　流式 Socket 编程模型

流式 Socket 与 FIFO 的通信方式类似，只不过流式 Socket 的通信方式是双工的，而 FIFO 的通信方式是单工的。UNIX Domain 流式 Socket 编程模型采用"服务器-客户端"模型，如图 6-14 所示。

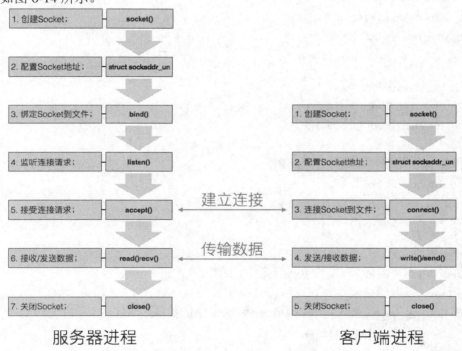

图 6-14　UNIX Domain 流式 Socket 编程模型

UNIX Domain Socket 往往比通信两端位于同一个主机的 TCP Socket 快出一倍，尤其在 X Windows 中。当一个 X11 客户启动并打开到 X11 服务器的连接时，该客户端检查 DISPLAY 环境变量的值，其中包括服务器的主机名、窗口和屏幕。如果服务器与客户端处于同一个主机，客户端就打开一个连接到服务器的 UNIX Domain Socket，否则打开一个连接到服务器的 TCP Socket。

【示例 6-4】　UNIX Domain 流式 Socket 服务器。

```
#include <unistd.h>
#include <stdio.h>
#include <stdlib.h>
#include <sys/un.h>
```

```c
#include <sys/socket.h>

int main(int argc, char **argv, char **arge)
{
        int sockfd = 0;
        char buf[1024] = {0};

        // 1. 创建 Socket
        if((sockfd = socket(AF_UNIX, SOCK_STREAM, 0))==-1)
                perror("socket()"), exit(-1);

        // 2. 配置 Socket 地址
        struct sockaddr_un addr;
        addr.sun_family = AF_UNIX;
        strcpy(addr.sun_path, "unix.sock");

        // 3. 绑定 Socket 到文件
        if(bind(sockfd, (struct sockaddr*)&addr, sizeof(addr))==-1)
                perror("bind()"), exit(-1);

        // 4. 监听连接
        if(listen(sockfd, 5)==-1)
                perror("listen()"), exit(-1);

        // 5. 接受连接；
        int clientFd = 0;
        struct sockaddr_un clientAddr = {0};
        socklen_t clientAddrLen;
        if((clientFd=accept(sockfd, (struct sockaddr*)&clientAddr, &clientAddrLen))==-1)
                perror("accept()"), exit(-1);

        // 6. 接收数据
        if(recv(clientFd, buf, sizeof(buf), 0)<0)
                perror("recv()"), exit(-1);

        // 7. 关闭 Socket
        if(close(sockfd)==-1)
                perror("close()"), exit(-1);

         // 8. 删除 Socket
        unlink("unix.sock");
```

```
            printf("%s\n", buf);

            exit(0);
}
```

编译运行服务器程序，结果如下：

```
[instructor@instructor c06]$ gcc unix_server.c -o unix_server
[instructor@instructor c06]$ ./unix_server ##客户端未启动时阻塞；
HelloStream
```

客户端调用函数 connect()时，必须保证路径名是一个当前绑定在某个打开的 UNIX Domain 套接字下的路径名，而且它们的 Socket 类型也必须一致。UNIX Domain 流式 Socket 为进程提供了一个无边界的字节流接口。

【示例 6-5】 UNIX Domain 流式 Socket 客户端。

```
#include <unistd.h>
#include <stdio.h>
#include <stdlib.h>
#include <sys/un.h>
#include <sys/socket.h>

int main(int argc, char **argv, char **arge)
{
        int sockfd = 0;

        if(argc!=2)
                printf("usage error!\n"), exit(-1);

        // 1. 创建 Socket
        if((sockfd = socket(AF_UNIX, SOCK_STREAM, 0))==-1)
                perror("socket()"), exit(-1);

        // 2. 配置 Socket 地址
        struct sockaddr_un addr;
        addr.sun_family = AF_UNIX;
        strcpy(addr.sun_path, "unix.sock");

        // 3. 连接 Socket 到文件
        if(connect(sockfd, (struct sockaddr*)&addr, sizeof(addr))==-1)
                perror("connect()"), exit(-1);

        // 4. 发送数据
        if(send(sockfd, argv[1], strlen(argv[1]), 0)<0)
```

```
        perror("send()"), exit(-1);

    // 5. 关闭套接字
    if(close(sockfd)==-1)
        perror("close()"), exit(-1);

    exit(0);
}
```

编译运行客户端程序，结果如下：

```
[instructor@instructor day44]$ gcc unix_client.c -o unix_client
[instructor@instructor day44]$ ./unix_client HelloStream
```

6.5 Internet Domain

Internet Domain Socket 的地址主要由两部分组成：IP 地址和端口号。报文 Socket 和流式 Socket 所基于的协议是不同的，前者是基于 UDP 协议的；后者基于 TCP 协议，它们提供了可靠的双向字节流通信信道。

6.5.1 UDP 编程模型

UDP Socket 类似于 UNIX Domain 的报文 Socket，但区别主要有两点：第一，UNIX Domain 报文 Socket 是可靠的，但 UDP Socket 则是不可靠的——报文可能会丢失、重复或到达的顺序与它们发送时的顺序不同；第二，UNIX Domain 报文 Socket 上发送的数据会在填满接收的 Socket 数据队列时受到阻塞，而 UDP Socket 则会将报文丢弃。UDP 模型如图 6-15 所示。

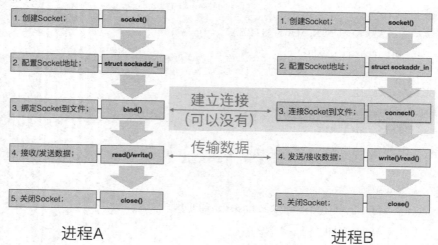

图 6-15 基于 UDP 协议通信编程模型

应用进程往一个 UDP Socket 写入一个消息，该消息随即被封装到一个 UDP 数据报中，该 UDP 数据报进而又被封装到一个 IP 数据报，然后发送到目的地。如果一个数据报到达了其最终目的地，但是校验和检测发现有错误，或者该数据报在网络传输中被丢失了，它就无法被投递到目标 UDP Socket，也不会被源端 UDP Socket 自动重传。如果想要确保一个数据报能到达其目的地，可以在程序中添置一些特性，如对目的端的确认、本端的超时与重传等。

【示例 6-6】 UDP 程序——进程 A 实例。

```c
#include <unistd.h>
#include <stdlib.h>
#include <stdio.h>
#include <string.h>
#include <sys/socket.h>
#include <netinet/in.h>
#include <arpa/inet.h>

#define BUFSIZE 4096

int main(int argc, char **argv, char **arge)
{
    int sfd = 0;                               // 套接字描述符
    struct sockaddr_in lcaddr = {0};           // 本机 Socket 地址结构
    struct sockaddr_in rmaddr = {0};           // 远程 Socket 地址结构
    socklen_t addrlen = sizeof(lcaddr);        // Socket 地址结构大小
    char rbuf[4096] = {0};                     // 数据接收缓冲区

    // 1. 创建 Socket
    if((sfd=socket(AF_INET, SOCK_DGRAM, 0))==-1)
            perror("socket()"), exit(-1);

    // 2. 配置 Socket 地址
    lcaddr.sin_family = AF_INET;
    lcaddr.sin_port = htons(9998);
    lcaddr.sin_addr.s_addr = inet_addr("192.168.1.88");

    // 3. 绑定 Socket 到文件
    if(bind(sfd, (struct sockaddr*)&lcaddr, addrlen)==-1)
            perror("bind()"), exit(-1);

    // 4. 接收/发送数据
    while(1)
    {
```

```
            // 4.1 清空数据接收缓冲区
            memset(rbuf, 0 ,BUFSIZE);
            // 4.2 接收数据
        if(recvfrom(sfd, rbuf, BUFSIZE, 0, (struct sockaddr*)&rmaddr, &addrlen)==-1)
                perror("recvfrom()"), exit(-1);
            // 4.3 发送数据
            if(sendto(sfd, "ok", 2, 0, (struct sockaddr*)&rmaddr, addrlen)==-1)
                perror("sendto()"), exit(-1);
            // 4.4 打印接收数据
            printf("receive from: %s:%d\n", inet_ntoa(rmaddr.sin_addr), ntohs(rmaddr.sin_port));
            printf("receive message: %s\n",rbuf);
    }


    // 5. 关闭 Socket
    close(sfd);


    exit(0);
}
```

程序编译运行结果如下：

```
[instructor@instructor c06]$ gcc 05-udp_A-.c -o udp_A
[instructor@instructor c06]$ ./05-udp_A
receive from: 192.168.1.88:59385
receive message: I'm_UDP_B1
receive from: 192.168.1.88:59385
receive message: Hello_UDP_DGRAM
receive from: 192.168.1.88:42450
receive message: I'm_UDP_B2
receive from: 192.168.1.88:42450
receive message: Hello_UDP_DGRAM
^C
```

UDP 可提供面向无连接的服务，因为 UDP 两端不必存在任何长期的关系，因此也就无须使用函数 connect()进行连接。举例来讲，进程 A 可以创建一个 UDP Socket，既可以发送一个数据报给进程 B，又可以发送数据给进程 C，其间无须建立连接和关闭连接。

【示例 6-7】 UDP 程序——进程 B 实例。

```
#include <stdlib.h>
#include <stdio.h>
#include <sys/socket.h>
#include <netinet/in.h>
#include <arpa/inet.h>
#include <string.h>
```

```c
#define BUFSIZE 4096

int main(int argc, char **argv, char **arge)
{
        int sfd = 0;                              //Socket 描述符
        struct sockaddr_in rmaddr = {0};          //远程 Socket 地址结构
        socklen_t addrlen = 0;                    //远程 Socket 地址大小
        char rbuf[BUFSIZE] = {0};                 //读缓冲区
        char wbuf[BUFSIZE] = {0};                 //写缓冲区

        // 1. 创建 Socket
        if((sfd=socket(AF_INET, SOCK_DGRAM, 0))==-1)
                perror("socket()"), exit(-1);

        // 2. 配置 Socket 地址
        rmaddr.sin_family = AF_IET;
        rmaddr.sin_port = htons(9998);
        rmaddr.sin_addr.s_addr = inet_addr("192.168.1.88");

        // 3. 接收/发送数据
        while(1)
        {
                // 3.1 清空数据接收/发送缓冲区
                memset(rbuf, 0 ,BUFSIZE);
                memset(wbuf, 0 ,BUFSIZE);
                // 3.2 处理用户输入字符串
                scanf("%s", wbuf);
                if(strcmp(wbuf,"quit")==0) break;
                // 3.3 发送数据
                if(sendto(sfd, wbuf, strlen(wbuf), 0, (struct sockaddr*)&rmaddr, sizeof(rmaddr))==-1)
                        perror("sendto()"), exit(-1);
                // 3.4 接收数据
                if(recvfrom(sfd, rbuf, BUFSIZE, 0, NULL, NULL)==-1)
                        perror("recvfrom()"), exit(-1);
                // 3.5 打印接收数据
                printf("receive respond: %s\n", rbuf);
        }

        // 5. 关闭 Socket
```

```
        close(sfd);

        exit(0);
}
```

程序编译运行结果如下：

```
[instructor@instructor c06]$ gcc 05-udp_B1-.c -o udp_B1
[instructor@instructor c06]$ ./05-udp_B1
I'm_UDP_B1
receive respond: ok
Hello_UDP_DGRAM
receive respond: ok
quit
[instructor@instructor c06]$
```

6.5.2 TCP 编程模型

TCP 编程模型普遍采用客户端/服务器编程模型(简称 C/S 模型)，类似于 UNIX Domain 流式 Socket 编程模型，如图 6-16 所示。

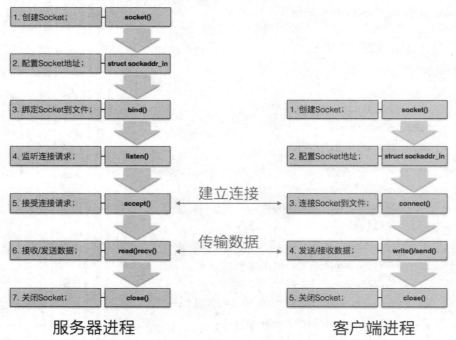

图 6-16 TCP 编程模型

TCP 并不保证数据一定会被对方端点接收，因为这是不可能做到的。如果有可能，TCP 就会把数据递送到对方端点，否则就通知用户。因此，TCP 不是 100%可靠的协议，但它提供的数据递送或故障的通知却是可靠的。

【示例6-8】 TCP 服务器实例。

```c
#include <unistd.h>
#include <stdlib.h>
#include <stdio.h>
#include <unistd.h>
#include <string.h>
#include <sys/socket.h>
#include <netinet/in.h>
#include <arpa/inet.h>

#define BUFSIZE 4096

int main(int argc, char **argv, char **arge)
{
        int lfd = 0, cfd = 0;                    //监听 Socket 与客户端套接字描述符
        struct sockaddr_in svaddr = {0};         //服务器 Socket 地址
        struct sockaddr_in claddr = {0};         //客户端 Socket 地址
        socklen_t addrlen = sizeof(struct sockaddr_in);       //套接字地址大小
        char* buf[BUFSIZE] = {0};                //数据缓冲区

        // 1. 创建监听 Socket
        if((lfd=socket(AF_INET, SOCK_STREAM, 0)) == -1)
                perror("socket()"), exit(-1);

        // 2. 配置 Socket 地址
        svaddr.sin_family = AF_INET;
        svaddr.sin_port = htons(9999);
        svaddr.sin_addr.s_addr = inet_addr("192.168.1.88");

        // 3. 绑定 Socket 到文件
        if(bind(lfd, (struct sockaddr*)&svaddr, sizeof(struct sockaddr_in)) == -1)
                perror("bind()"), exit(-1);

        // 4. 监听连接
        if(listen(lfd, 4)==-1)
                perror("listen()"), exit(-1);

        // 5. 接受连接
        if((cfd=accept(lfd, (struct sockaddr*)&claddr, &addrlen))==-1)
```

```
                perror("accept()"), exit(-1);

        // 主循环，等待连接
        while(1)
        {
                // 6. 接收/发送数据
                // 6.1 接收数据
                if(recv(cfd, buf, BUFSIZE, 0)==-1)
                        perror("recv()"), exit(-1);
                // 6.2 发送数据
                else
                        send(cfd, "ok!", strlen("ok!"), 0);
                // 6.3 打印数据
                printf("%s: %u\n", inet_ntoa(claddr.sin_addr), ntohs(claddr.sin_port));
                printf("%s\n", buf);
        }

        // 7. 关闭 Socket
        close(cfd);
        close(lfd);

        exit(0);
}
```

程序编译运行结果如下：

```
[instructor@instructor c06]$ gcc tcp_Server.c -o tcp_Server
[instructor@instructor c06]$ ./tcp_Server
192.168.1.88: 53163
helloWorld!
192.168.1.88: 53163
helloChina!
192.168.1.88: 53163
helloLinux!
192.168.1.88: 53163
helloLinux!
```

TCP 可提供面向连接的服务，TCP 客户端首先与某个给定的服务器建立一个连接，然后通过该连接与目标服务器进行数据交换，最后终止这个连接。

【示例 6-9】 TCP 客户端实例。

```
#include <unistd.h>
#include <stdlib.h>
#include <stdio.h>
```

```c
#include <string.h>
#include <sys/socket.h>
#include <netinet/in.h>
#include <arpa/inet.h>

#define BUFSIZE 4096

int main(int argc, char **argv, char **arge)
{
        int sfd = 0;                            //Socket 描述符
        struct sockaddr_in svaddr = {0};        //Socket 地址结构
        socklen_t addrlen = sizeof(struct sockaddr_in); //Socket 地址大小
        char rbuf[BUFSIZE] = {0};               //读数据缓冲区
        char wbuf[BUFSIZE] = {0};               //写数据缓冲区

        // 1. 创建 Socket
        if((sfd=socket(AF_INET, SOCK_STREAM, 0)) == -1)
                perror("socket()"), exit(-1);
        // 2. 配置 Socket 地址
        svaddr.sin_family = AF_INET;
        svaddr.sin_port = htons(9999);
        svaddr.sin_addr.s_addr = inet_addr("192.168.1.88");

        // 3. 连接 Socket 到文件
        if(connect(sfd, (struct sockaddr*)&svaddr, addrlen) == -1)
                perror("connect()"), exit(-1);

        // 主循环，连接服务器
        while(1)
        {
                // 4. 发送/接收数据
                // 4.1 读取数据
                memset(wbuf, 0, BUFSIZE);
                scanf("%s", wbuf);
                // 4.2 发送数据
                if(send(sfd, wbuf, strlen(wbuf), 0)==-1)
                        perror("send()"), exit(-1);
                // 4.3 接收数据
                memset(rbuf, 0, BUFSIZE);
                if(recv(sfd, rbuf, sizeof(rbuf), 0)==-1)
```

```
                    perror("recv()"), exit(-1);
            // 4.4 打印数据
            printf("reply: %s\n", rbuf);
        }

        // 5. 关闭 Socket
        close(sfd);

        exit(0);
}
```

程序编译运行结果如下：

```
[instructor@instructor c06]$ gcc tcp_Client.c -o tcp_Client
[instructor@instructor c06]$ ./ tcp_Client
helloWorld!
reply: ok!
helloChina!
reply: ok!
helloLinux!
reply: ok!
```

6.6   网络编程实例

本节主要以案例的形式进一步巩固 Socket 网络编程，涉及的知识点有 TCP 文件传输、UDP 广播以及高性能服务器编程技巧等。

6.6.1   基于 TCP 的文件接收服务器

基于 TCP 协议的文件接收服务器所要克服的最大困难是数据粘包现象。TCP 协议是一个基于流的协议，而流是没有界限的一串数据，如同河里的流水是连成一片的，其间没有分界线。而一般通信程序的开发是需要定义一个个相互独立的数据包的(比如文件名数据包)，用于指定传送文件的文件名。

【示例 6-10】   TCP 文件接收服务器。

```
#include <unistd.h>
#include <stdlib.h>
#include <stdio.h>
#include <string.h>
#include <fcntl.h>
#include <sys/types.h>
#include <sys/stat.h>
#include <sys/socket.h>
```

```c
#include <netinet/in.h>
#include <arpa/inet.h>

#define BUFSIZE 1024

int main(int argc, char **argv, char **arge)
{
        int res = 0;                                    //程序执行结果标志
        int fd=0, lfd=0, cfd=0;                         //文件，监听 Socket，客户 Socket
        char path[BUFSIZE] = {0};                       //文件名存储缓冲区
        char buf[BUFSIZE] = {0};                        //接收数据缓冲区
        int datasize = 0;                               //网络单次接收数据大小
        struct sockaddr_in svaddr = {0};                //服务器 Socket 地址结构
        struct sockaddr_in claddr = {0};                //客户端 Socket 地址结构
        socklen_t addrlen = sizeof(claddr);             //Socket 地址结构大小

        // 1. 创建 Socket
        if((lfd=socket(AF_INET, SOCK_STREAM, 6))==-1)
                perror("socket()"), exit(-1);

        // 2. 绑定 Socket
        svaddr.sin_family = AF_INET;
        svaddr.sin_port = htons(10000);
        svaddr.sin_addr.s_addr = inet_addr("192.168.1.88");
        if(bind(lfd, (struct sockaddr*)&svaddr, sizeof(svaddr))==-1)
                close(lfd), perror("bind()"), exit(-1);

        // 3. 监听 Socket
        if(listen(lfd, 10)==-1)
                close(lfd), perror("listen()"), exit(-1);

        // 4. 服务客户端(主循环)
        while(1)
        {
                // 4.1 接收客户端连接
                if((cfd=accept(lfd, (struct sockaddr*)&claddr, &addrlen))==-1)
                {
                        perror("accept()");
                        break;
                } else
```

```
{
        printf("receive file from: %s:%d\n", inet_ntoa(claddr.sin_addr), ntohs(claddr.sin_port));
}


// 4.2 接收文件名
// 4.2.1 接收文件名大小
if((res=recv(cfd, buf, sizeof(int), MSG_WAITALL))==-1)
{
        close(cfd), perror("receive filename length");
        continue;
} else if(res==0)
{
        printf("connect close.\n");
        continue;
} else
{
        buf[res] = 0;
        datasize = ntohl(*((int *)buf));
}
// 4.2.2 接收文件名
if((res=recv(cfd, buf, datasize, MSG_WAITALL))==-1)
{
        close(cfd);
        perror("receive file name ");
        continue;
} else if(res==0)
{
        printf("connect close.\n");
        continue;
} else
{
        buf[res]=0;
        while(res>=-1)
        {
                if(buf[res]=='/')
                {
                        break;
                } else
                {
                        res--;
```

```
            }
        }
        strcpy(path, &buf[res+1]);
        if((fd = open(path, O_RDWR|O_CREAT|O_EXCL, 0666))==-1)
        {
                close(cfd);
                perror("open()");
                continue;
        }
}

// 4.3 接收文件数据
while(1)
{
        // 4.3.1 接收文件数据块大小
        if((res=recv(cfd, buf, sizeof(int), MSG_WAITALL))==-1)
        {
                close(fd);
                close(cfd);
                perror("receive file data");
                break;
        } else if(res==0)
        {
                printf("receive file successful: %s\n", path);
                break;
        } else
        {
                buf[res] = 0;
                datasize = ntohl(*((int*)buf));
        }
        // 4.3.2 接收文件数据块内容
        if((res=recv(cfd, buf, datasize, MSG_WAITALL))==-1)
        {
                close(fd);
                close(cfd);
                perror("receive file block data");
                break;
        } else if(res==0)
        {
                printf("connect close.\n");
```

```
                        break;
                } else
                {
                    buf[res] = 0;
                    if(write(fd, buf, strlen(buf))==-1)
                    {
                        close(fd);
                        close(cfd);
                        perror("write()");
                        break;
                    }
                }
            }
            // 4.4 传输成功
            close(fd);
            close(cfd);
        }

        // 5. 关闭套接字
        close(cfd);
        close(lfd);

        exit(0);
}
```

程序编译运行结果如下：

```
[instructor@instructor c06]# ./server
receive file from: 192.168.1.88:55615
receive file successful: passwd
receive file from: 192.168.1.88:55616
receive file successful: shadow
receive file from: 192.168.1.88:55617
receive file successful: messages
^C
[instructor@instructor c06]# ls
client  client.c  messages  passwd  server  server.c  shadow
```

6.6.2　基于 TCP 的文件发送客户端

　　基于 TCP 协议的文件发送客户端发送文件时，应遵循文件接收服务器的应用层协议。具体到本例，应将传送文件的文件名与文件内容分别发送，在发送文件名及文件内容时，应先将其发送缓冲区的实际大小先行发送，以告知服务器进行相应的处理。

【示例 6-11】 TCP 文件发送客户端。

```c
#include <unistd.h>
#include <stdlib.h>
#include <stdio.h>
#include <string.h>
#include <fcntl.h>
#include <sys/types.h>
#include <sys/stat.h>
#include <sys/socket.h>
#include <netinet/in.h>
#include <arpa/inet.h>

#define BUFSIZE 1024

int main(int argc, char **argv, char **arge)
{
        int fd = 0, sfd = 0;                    //文件描述符，服务器 Socket
        int datasize = 0;                       //发送数据长度
        struct sockaddr_in svaddr = {0};        //服务器地址结构
        char buf[BUFSIZE] = {0};                //发送缓冲区
        int res = 0;                            //程序处理标志

        // 1. 判断输入
        if(argc!=2)
                printf("usage error.\n"), exit(-1);

        // 2. 打开文件测试
        if((fd=open(argv[1], O_RDONLY))==-1)
                perror("open()"), exit(-1);

        // 3. 建立 Socket
        if((sfd=socket(AF_INET, SOCK_STREAM, 6))==-1)
                close(fd), perror("socket()"), exit(-1);

        // 4. 连接 Socket
        svaddr.sin_family = AF_INET;
        svaddr.sin_port = htons(10000);
        svaddr.sin_addr.s_addr = inet_addr("192.168.1.88");
        if(connect(sfd, (struct sockaddr*)&svaddr, sizeof(svaddr))==-1)
```

```
                close(fd), close(sfd), perror("connect()"), exit(-1);


// 5. 发送文件名
// 5.1 计算文件名大小
datasize = htonl(strlen(argv[1]));
// 5.2 发送文件名大小
if(send(sfd, &datasize, sizeof(int), 0)==-1)
        close(fd), close(sfd), perror("send filename size"), exit(-1);
// 5.3 发送文件名内容
if(send(sfd, argv[1], strlen(argv[1]), 0)==-1)
        close(fd), close(sfd), perror("send filename content"), exit(-1);


// 6. 主循环(发送文件数据)
while(1)
{
        // 6.1 读取文件数据到缓冲区
        res=read(fd, buf, BUFSIZE-1);
        if(res == -1)
        {
                close(fd), close(sfd), perror("read()");
                exit(-1);
        }
        else if(res==0)
        {
                printf("send file successful.\n");
                break;
        }
        else
        {
                buf[res] = 0;              //防止字符串溢出
                // 6.2 获取发送缓冲区数据大小
                datasize = htonl(res);
                // 6.3 发送数据缓冲区数据大小
                if(send(sfd, &datasize, sizeof(int), 0)==-1)
                        close(fd), close(sfd), perror("send file block size"), exit(-1);
                // 6.4 发送数据缓冲区内容
                if(send(sfd, buf, strlen(buf), 0)==-1)
                        close(fd), close(sfd), perror("send file block data"), exit(-1);
        }
}
```

```
// 7. 关闭套接字
close(fd);
close(sfd);


    return 0;
}
```

程序编译运行结果如下：

```
[root@instructor net]# ./client /etc/passwd
send file successful.
[root@instructor net]# ./client /etc/shadow
send file successful.
[root@instructor net]# ./client /var/log/messages
send file successful.
```

小　　结

通过本章的学习，读者应该了解：

◇ 广义概念上的网络由电信网络、有线电视网络和计算机网络组成，其中发展最快并起着核心作用的是计算机网络。

◇ 根据网络覆盖范围的大小，我们将计算机网络分为局域网(LAN)、城域网(MAN)和广域网(WAN)。

◇ 网络拓扑结构反映了组网的某种几何形式，局域网的拓扑结构主要有总线型、星型、环型以及网状拓扑结构。

◇ 国际标准化组织于 1983 年正式公布了 OSI 参考模型的正式文件。OSI 参考模型将计算机网络分为七层，自下至上依次是：物理层、数据链路层、网络层、传输层、会话层、表示层和应用层。

◇ TCP/IP 产生于 OSI 模型之前，总共分为四层，由下而上依次是：网络接口层、网际层、传输层和应用层。OSI 参考模型是计算机网络的理论模型，而 TCP/IP 模型则是计算机网络的实现模型。

◇ TCP/IP 协议传输层使用最广泛的两个协议分别是 UDP 协议和 TCP 协议：UDP 协议是数据报 Socket 所使用的协议，而 TCP 是流式 Socket 所使用的协议。网际层使用的 IP 协议主要任务是对数据包进行相应的寻址和路由，并从一个网络转发到另一个网络。

◇ Linux 系统为用户提供了一整套的 Socket API，以供用户实现网络通信，比较常用的系统调用函数有：socket()、bind()、connect()、listen()、accept()、recv()/recvfrom()、send()/sendto 和 close()等。

◇ UNIX Domain Socket 编程主要用于解决同一主机系统上进程间的通信问题，根据通信数据格式的不同，又分为报文 Socket 和流式 Socket。

✧ Internet Domain 报文 Socket 是基于 UDP 的；Internet Domain 流式 Socket 是基于 TCP 的。TCP 协议提供了可靠的双向字节流通信信道。

✧ 基于报文 Socket 的编程模式是对等模型；基于流式 Socket 的编程模式是服务器-客户端模型。

习　题

1. OSI 参考模型将计算机网络分为七层，自下至上依次是：物理层、_____、_____、_____、_____、表示层和_____。

2. 局域网的拓扑结构主要有_____、_____、_____以及_____拓扑结构。

3. TCP 协议传输数据的格式为_____，而 UDP 协议传输数据的格式为_____。

4. 简述基于 TCP 的 Socket 编程模型。

5. 采用 UNIX Domain 报文 Socket 编程模型，编写可以实现主机上不同进程间的文件传输的程序。

第 7 章　数据库编程

本章目标

- 掌握 MySQL 核心专业术语
- 掌握 MySQL 基本数据类型
- 掌握 MySQL 开发环境的搭建
- 掌握 MySQL 常用 SQL 语句
- 掌握 MySQL 的 C 编程接口

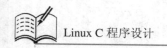

7.1　MySQL 开发基础

MySQL 数据库技术与其他大型数据库技术相比(例如 DB2、Oracle 等)有不足之处，但是这并没有影响它受欢迎的程度。对于一般的个人和中小型企业来说，MySQL 提供的功能已经绰绰有余，而且 MySQL 是开源软件，大大降低了开发成本。因此，本书将以 MySQL 为例进行数据库方面的基础讲解。

7.1.1　MySQL 专业术语概述

广义上讲，数据库就是数据的仓库。在使用和开发数据库之前，必须熟悉一些有关数据库的基本概念，这些概念包括：Catalog(数据库文件)、Table(表)、Column(列)、Data Type(数据类型)、Record(记录)、Primary Key(主键)等。

1．Catalog

管理数据库时，针对不同类别的数据往往使用不同类型的数据库文件进行存储，例如我们将人力资源数据保存在 HR 数据库文件中，而将核心业务数据保存在 BIZ 数据库文件中，我们将这些类型不同的数据库文件叫做 Catalog。使用多个 Catalog 可以带来如下好处：

◇ 便于管理。DBMS 允许将不同的 Catalog 保存在不同的磁盘上，因此可以将 HR 文件保存在普通硬盘上，而将 BIZ 文件保存在 RAID 硬盘上，以提高其安全性。此外，还可以对各 Catalog 的磁盘空间限额、优先级等进行设定。

◇ 避免冲突。同一 Catalog 中的表名是不允许重复的，而不同 Catalog 中的表名则是可以重复的，这样在 HR 文件和 BIZ 文件中，可以分别有名为 Persons 的表，二者结构可以完全不相同，保存的数据也互不干扰。

◇ 安全性高。DBMS 允许不同的 Catalog 指定不同的用户，比如用户 hr123 只能访问 HR 文件，而不能访问 BIZ 文件，这就大大增强了安全性。

2．Table

有时候，在一个 Catalog 中，也会存储多种不同类别的数据。例如核心业务数据的 Catalog 可能会包含客户资料、商品资料、销售员资料等数据。如果将这些数据混杂在一起的话，管理起来会非常麻烦，当用户要查询所有客户资料时就必须将所有数据查询一遍。

解决这个问题的方法就是将不同类型的资料放到不同的"区域"中，我们将这种区域称为 Table，也叫做表。把客户资料保存到名为 Customers 的 Table 中，商品资料保存在名为 Goods 的 Table 中，而将销售员资料保存在名为 SalesMen 的 Table 中，这样一来，当需要查找特定的商品信息时，只要到名为 Goods 的 Table 中查找就可以了。

3．Column

如果 Table 中没有统一的标签和数据格式，通常会造成数据提取困难。为了解决这个问题，引入了 Column 的概念。以员工信息表为例，规定下面这种标准的标签格式，并填入相应的员工信息，如表 7-1 所示。

表 7-1 员工信息表

姓 名	部 门	入职时间
李老师	系统运维部	2015-03-15
萧科富	技术支持部	2016-07-23
程旭圆	产品研发部	2016-01-09
策士远	产品测试部	2015-11-11
龚诚世	产品研发部	2014-10-08

上述数据表中的"姓名""部门"和"入职时间"就被称为员工表的 Column，有时候也称为 Field(字段)，每个 Column 描述了数据成员的一个特性。

4. Record

Record 有时被称为 Row(行)，是数据表中的一行数据。数据表是由 Record 和 Column 组成的一张二维表，这就是关系式数据库中最基本的数据模型。以员工信息表 7-2 为例，这里每一行数据代表一个员工的资料，这样的一行数据就叫做作一条 Record。

5. Primary Key

员工信息表(表 7-1)中的每一行记录代表了一个员工情况，一般情况下，员工的名字就可标识这一个员工，但是名字有时也可能重复，这时就需要为每一名员工分配一个唯一的工号，如表 7-2 所示。

表 7-2 员工信息表

工 号	姓 名	部 门	入职时间
001	李老师	系统运维部	2015-03-15
002	萧科富	技术支持部	2016-07-23
003	龚诚世	技术支持部	2013-08-04
004	程旭圆	产品研发部	2016-01-09
005	策士远	产品测试部	2015-11-11
006	龚诚世	产品研发部	2014-10-08

这样，通过工号就可以唯一地标识出一名员工。通常意义上，将能够唯一标识出一行 Record 的 Column 称之为该 Table 的 PrimaryKey。具体到员工信息上，"工号"就是该表的 Primary Key。数据库中并没有强制规定 Table 中必须定义 Primary Key，但是为 Table 指定 Primary Key 是一个非常好的习惯。

7.1.2 MySQL 基本数据类型

就像 C 语言一样，不同的数据存储需要对应各自的数据类型。在 MySQL 数据库中，基本数据类型包括数值类型、字符串类型、日期时间类型以及二进制类型。其中，数值类型又细分为整型数值类型、定点数值类型和浮点数值类型。

1．整型数值类型

在 x86 CPU 系统架构下，整数数值类型可以用于标识范围介于 −2147483648～2147483647 之间的整数。整数数值全部由数字组成，不含小数点。除了标准类型，MySQL 还对整数数值类型做了进一步的扩展，如表 7-3 所示。

表 7-3　MySQL 整数数值类型

整数数值类型	描　　述
tinyint[unsigned]	一个很小的整数。有符号的范围是 −128～127，无符号的范围是 0～255
smallint[unsigned]	一个小整数。有符号的范围是 −32768～32767，无符号的范围是 0～65535
mediumint[unsigned]	一个中等大小整数。有符号的范围是 −8388608～8388607，无符号的范围是 0～16777215
int[unsigned]	一个正常大小整数。有符号的范围是−2147483648～2147483647，无符号的范围是 0～4294967295
integer[unsigned]	int 的同义词。
bigint[unsigned]	一个大整数。有符号的范围是 −9223372036854775808～9223372036854775807，无符号的范围是 0～18446744073709551615

2．定点数值类型

定点数值类型具有存储小数部分的功能，其在内存中的实现形式为字符串类型。定点数值类型只用于存储十分精确的数值(如比率、百分数等)而非近似值，它也被频繁用于存储金钱数额。MySQL 对定点数值类型的详细描述如表 7-4 所示。

表 7-4　MySQL 定点数值类型

定点数值类型	描　　述
decimal[(m[,d])]	定点数值类型。m 用于指定显示宽度，缺省值为 10；d 用于指定小数位数，缺省值为 0
numeric[(m[,d])]	decimal 的同义词

3．浮点数值类型

浮点数值类型具有存储小数部分的功能，可用于存储被近似计算的科学数字(例如重量和距离)。浮点数值类型能够表示比定点数值类型更大范围的值，但是在计算中会产生四舍五入的错误。MySQL 对浮点数值类型的详细描述如表 7-5 所示。

表 7-5 MySQL 浮点数值类型

浮点数值类型	描　　述
float[(m,d)]	单精度浮点数值类型。取值范围为 −3.402823466E+38～ −1.175494351E−38、0 和 1.175494351E-38～3.402823466E+38。m 用于指定显示宽度，d 用于指定小数位数
double[(m,d)]	双精度浮点数值类型。取值范围为 −1.7976931348623157E+308～−2.2250738585072014E−308、0 和 2.2250738585072014E−308～1.7976931348623157E+308。m 用于指定显示宽度，d 用于指定小数位数
real[(m,d)]	double 的同义词

4．字符串类型

如果需要存储一个或者多个字符的话就需要使用字符串类型，字符串类型又大致细分为定长字符串类型和变长字符串类型。MySQL 对字符串类型的详细描述如表 7-6 所示。

表 7-6 MySQL 字符串类型

字符串类型	描　　述
char(m)	定长字符串类型，长度为 m 个字节
varchar(m)	变长字符串类型，最大长度为 m 个字节
tinytext	小的变长文本类型，最大长度为 2^8-1 个字节
text	变长文本类型，最大长度为 $2^{16}-1$ 个字节
mediumtext	中等变长文本类型，最大长度为 $2^{24}-1$ 个字节
longtext	大文本变长文本类型，最大长度为 $2^{32}-1$ 个字节
enum("value1", "value2", ...)	枚举字符串类型，可被赋予某个枚举成员
set ("value1", "value2", ...)	集合字符串类型，可被赋予多个集合成员

顾名思义，定长字符串类型用来保存具有固定长度的字符串，当实际字符串长度小于指定字符串长度时，空余部分会以空格填充。数据读取时，也会将自动填充的空格读取出来。

变长字符类型一般也需要指定一个长度，但是这个长度指的是该类型所能保存的字符串的最大长度，如果保存的字符串的长度没超过最大长度的话，数据库将不会用空格自动填充剩余部分。

5．日期时间类型

数据库系统中经常需要处理一些与日期、时间相关的数据，比如审批时间、开户日期等，用户可以使用字符串来保存这些数据，比如 "2008-08-08"，但是用字符串表示日期很难保证数据的正确性，而且检索数据时会非常麻烦且低效，为此必须使用数据库系统提供的日期时间数据类型。MySQL 对日期时间类型的详细描述如表 7-7 所示。

表 7-7　MySQL 日期时间类型

日期类型	描　　述
date	"yyyy-mm-dd"格式表示日期值，取值范围为"1000-01-01"～"9999-12-31"
time	"hh:mm:ss"格式表示时间值，取值范围为"−838:59:59"～"838:59:59"
datetime	"yyyy-mm-dd hh:mm:ss"格式表示日期时间值，取值范围为"1000-01-01 00:00:00"～"9999-12-31 23:59:59"
timestamp	"yyyymmddhhmmss"格式表示时间戳值，取值范围为 19700101000000～2037 年的某个时刻
year	"yyyy"格式表示年份值，取值范围为 1901～2155

6．二进制类型

如果用户要将一幅图片或者一段视频存入数据库的话就需要使用二进制类型。二进制类型通常能够保存非常大的、没有固定结构的数据，而设置、读取这些数据也通常需要宿主语言的辅助。在 MySQL 中，二进制类型数据的声明使用关键字"blob"来修饰。

7.1.3　MySQL 开发环境搭建

CentOS 软件源里提供了 MySQL 的安装包，因此可以采用 YUM 的方式进行在线安装；MySQL 安装完成之后，会在"/usr/share/mysql"目录下提供详尽的技术文档支持，以供开发和运维人员参考。这里仅对 MySQL 如何进行安装和简单配置进行介绍，步骤如下：

(1) 进行 MySQL 程序开发之前，需要分别安装 mysql-server(MySQL 服务器)、mysql(MySQL 客户端)、mysql-devel(MySQL 头文件)、mysql-libs(MySQL 共享库)四个软件，命令如下：

```
[root@instructor ～]# yum -y install mysql-server mysql mysql-devel mysql-libs
Loaded plugins: fastestmirror, refresh-packagekit, security
Setting up Install Process
Loading mirror speeds from cached hostfile
 * base: mirrors.aliyun.com
 * extras: mirrors.aliyun.com
 * updates: mirrors.tuna.tsinghua.edu.cn
Resolving Dependencies

… ## 省略软件依赖和安装进度等提示信息

Installed:
    mysql.i686 0:5.1.73-7.el6              ## MySQL 客户端
    mysql-devel.i686 0:5.1.73-7.el6        ## MySQL 头文件
```

mysql-server.i686 0:5.1.73-7.el6　　　## MySQL 服务器

Dependency Installed:

　　　keyutils-libs-devel.i686 0:1.4-5.el6　　　krb5-devel.i686 0:1.10.3-57.el6

　　　libcom_err-devel.i686 0:1.41.12-22.el6libselinux-devel.i686 0:2.0.94-7.el6

　　　libsepol-devel.i686 0:2.0.41-4.el6　　　openssl-devel.i686 0:1.0.1e-48.el6_8.1

　　　perl-DBD-MySQL.i686 0:4.013-3.el6　　　　　perl-DBI.i686 0:1.609-4.el6

　　　zlib-devel.i686 0:1.2.3-29.el6

Updated:

　　　mysql-libs.i686 0:5.1.73-7.el6　## MySQL 共享库

Dependency Updated:

　　　krb5-libs.i686 0:1.10.3-57.el6　　　　　krb5-workstation.i686 0:1.10.3-57.el6

　　　libselinux.i686 0:2.0.94-7.el6　libselinux-python.i686 0:2.0.94-7.el6

　　　libselinux-utils.i686 0:2.0.94-7.el6　　　openssl.i686 0:1.0.1e-48.el6_8.1

Complete!

　　　(2) MySQL 安装完成之后，将其服务设置为开机自动启动，命令如下：

[root@instructor ~]# chkconfig mysqld on

[root@instructor ~]# chkconfig--list | grep mysqld

mysqld　　　0:off　　1:off　　2:on　　3:on　　4:on　　5:on　　6:off

　　　(3) 启动 MySQL 服务，命令如下：

[root@instructor ~]# service mysqld start

Initializing MySQL database:　WARNING: The host 'instructor.example.com' could not be looked up with

resolveip.

This probably means that your libc libraries are not 100 % compatible

with this binary MySQL version. The MySQL daemon, mysqld, should work

normally with the exception that host name resolving will not work.

This means that you should use IP addresses instead of hostnames

when specifying MySQL privileges !

Installing MySQL system tables...

OK

Filling help tables...

OK

To start mysqld at boot time you have to copy

support-files/mysql.server to the right place for your system

PLEASE REMEMBER TO SET A PASSWORD FOR THE MySQL root USER !

To do so, start the server, then issue the following commands:

/usr/bin/mysqladmin -u root password 'new-password'
/usr/bin/mysqladmin -u root -h instructor.example.com password 'new-password'

Alternatively you can run:
/usr/bin/mysql_secure_installation

which will also give you the option of removing the test
databases and anonymous user created by default.   This is
strongly recommended for production servers.

See the manual for more instructions.

You can start the MySQL daemon with:
cd /usr ; /usr/bin/mysqld_safe &

You can test the MySQL daemon with mysql-test-run.pl
cd /usr/mysql-test ; perl mysql-test-run.pl

Please report any problems with the /usr/bin/mysqlbug script!

[OK]
Starting mysqld: [OK] ##MySQL 启动成功

(4) 设置 MySQL 管理员密码，命令如下：

[root@instructor ~]# mysqladmin --user=root password yinggu ##密码为 yinggu

(5) 使用 MySQL 客户端登录 MySQL 服务器，命令如下：

[root@instructor ~]# mysql -hlocalhost -uroot -pyinggu
-h，指定服务器地址或域名
-u，指定登录用户名，默认管理员为 root
-p，用于指定登录用户密码
Welcome to the MySQL monitor.   Commands end with ; or \g.
Your MySQL connection id is 4
Server version: 5.1.73 Source distribution

Copyright (c) 2000, 2013, Oracle and/or its affiliates. All rights reserved.

Oracle is a registered trademark of Oracle Corporation and/or its affiliates. Other names may be trademarks of
their respective owners.

Type 'help;' or '\h' for help.Type '\c' to clear the current input statement.

mysql>

7.1.4　MySQL 常用 SQL 语句

SQL(Structured Query Language，结构化查询语言)是一种特殊的数据库交互和程序设计语言，主要用于组织、管理和检索数据库。SQL 是专为数据库而建立的操作命令集，是一种功能齐全的数据库语言。数据库发展初期，每一种 DBMS 都有自己特有的语言，后来，SQL 逐步发展成了所有 DBMS 都支持的主流语言。

1．创建及打开数据库

在 SQL 中，使用 SHOW DATABASES 语句查看服务器已有的数据库列表；使用 CREATE DATABASE 语句创建数据库；使用 USE DATABASE 打开指定数据库。基本语法如下：

```
SHOW DATABASES;
CREATE DATABASE 数据库名;
USE DATABASE 数据库名;
```

2．创建数据表

在 SQL 中，使用 CREATE TABLE 语句创建数据表；使用 SHOW TABLES 语句查看当前数据库已有的数据表列表；使用 DESC 语句查看指定数据表的表结构。基本语法如下：

```
SHOW TABLES;
DESC 数据表名;

CREATE TABLE 表名
(
字段名 1 字段类型,   ## 字段定义
字段名 2 字段类型,
字段名 3 字段类型,
………………
约束定义 1,
约束定义 2,
………………
);
```

这里的 CREATE TABLE 语句告诉数据库系统，用户准备创建一张新数据表，CREATE TABLE 语句后紧跟着表名，表名不能与数据库中已有的表名重复。括号中是一条或者多条表定义。表定义包括字段定义和约束定义两种，一张表中至少要有一个字段定义，而约束定义则是可选的。约束定义包括主键定义、外键定义以及唯一约束定义等。

【示例 7-1】 创建 T_Person 数据表。

```
mysql> CREATE DATABASE centdb;
Query OK, 1 row affected (0.00 sec)

mysql>USE centdb;
Database changed

mysql> SHOW TABLES;
Empty set (0.00 sec)

mysql> CREATE TABLE T_Person(FName VARCHAR(20), FAge INT);
Query OK, 0 rows affected (0.00 sec)

mysql> SHOW TABLES;
+------------------+
| Tables_in_centdb |
+------------------+
| T_Person         |
+------------------+
1 row in set (0.00 sec)

mysql> DESC T_Person;
+-------+-------------+------+-----+---------+-------+
| Field | Type        | Null | Key | Default | Extra |
+-------+-------------+------+-----+---------+-------+
| FName | varchar(20) | YES  |     | NULL    |       |
| FAge  | int(11)     | YES  |     | NULL    |       |
+-------+-------------+------+-----+---------+-------+
2 rows in set (0.00 sec)

mysql>
```

上述实例创建了名为 T_Person 的数据表，并且该表拥有两个字段，一个字段为记录姓名的 FName，另一个为记录年龄的 FAge。姓名为变长度的字符串类型 varchar，因此这里使用最大长度为 20 的变长度字符串 FName 字段；年龄为整数，所以使用 int 来定义 FAge 字段。

这里的字段定义只能限制一个字段中所能填充的数据类型，对于"字段值必须唯一、录入的年龄必须介于 18 到 26 岁之间、姓名不能为空"这样的需求则无法满足，而这正是约束定义的工作。

3．删除数据库及数据表

在 SQL 中，使用 DROP DATABASE 语句删除指定的数据库；使用 DROP TABLE 语句删除指定的数据表。基本语法如下：

```
DROP DATABASE 数据库名;
DROP TABLE 数据表名;
```

4. 向数据表中插入数据

在 SQL 中，使用 INSERT INTO 向数据表中插入数据。例如，向 T_Person 表中插入一条数据可以使用以下 SQL 语句：

```
INSERT INTO T_Person(FName, FAge, FRemark) VALUES('Tom', 18, 'USA');
```

该句 SQL 向 T_Person 表中插入了一条数据，其中 FName 字段的值为"Tom"，FAge 字段的值为 18，而 FRemark 字段的值为"USA"。VALUES 前边的括号中列出的是要设置字段的字段名，字段名之间用逗号隔开；VALUES 后边的括号中列出的是要设置字段的值，各个值同样用逗号隔开。需要注意的是，VALUES 前列出的字段名和 VALUES 后边列出的字段值是按顺序——对应的，也就是第一个值"Tom"设置的是字段 FName 的值，第二个值 18 设置的是字段 FAge 的值，第三个值"USA"设置的是字段 FRemark 的值，不能打乱它们之间的对应关系，而且要保证两边的条数是一致的。由于 FName 和 FRemark 字段是字符串类型的，所以需要用单引号将值包围起来，而整数类型的 FAge 字段的值则不需要用单引号包围起来。

【示例 7-2】 向数据表 T_Student 中插入测试学生信息。

```
mysql> INSERT INTO T_Student(FNumber, FName, FAge) VALUES('001', 'Tom', 18);
Query OK, 1 row affected (0.00 sec)

mysql> INSERT INTO T_Student(FNumber, FName, FAge, FFavorite) VALUES('002', 'Jim', 19, 'Football,
Basketball');
Query OK, 1 row affected (0.00 sec)

mysql> INSERT INTO T_Student(FNumber, FName, FAge, FFavorite, FPhoneNumber) VALUES('003', 'Lili', 22,
'Computer', '18612345678');
Query OK, 1 row affected (0.00 sec)

mysql> INSERT INTO T_Student(FNumber, FName, FAge, FPhoneNumber) VALUES('004', 'Perter', 16,
'18812345678');Query OK, 1 row affected (0.00 sec)

mysql> INSERT INTO T_Student(FNumber, FAge, FName) VALUES('005', 28, 'Smith');
Query OK, 1 row affected (0.00 sec)

mysql> SELECT * FROM T_Student; ## 查看数据表中的所有数据
+---------+--------+------+--------------------+--------------+
| FNumber | FName  | FAge | FFavorite          | FPhoneNumber |
+---------+--------+------+--------------------+--------------+
| 001     | Tom    |   18 | NULL               | NULL         |
```

```
| 002      | Jim    | 19 | Football, Basketball | NULL         |
| 003      | Lili   | 22 | Computer             | 18612345678  |
| 004      | Perter | 16 | NULL                 | 18812345678  |
| 005      | Smith  | 28 | NULL                 | NULL         |
+---------+--------+------+--------------------+--------------+
5 rows in set (0.00 sec)

mysql>
```

5. 修改数据表中的数据

在 SQL 中，使用 UPDATE 语句修改指定数据表中的数据。下面的实例将会使用 UPDATE 语句将表 T_Student 中所有学生的 FFavorite 字段值设置为"Travel"。

【示例 7-3】 修改数据表 T_Student 的 FFavorite 字段。

```
mysql> UPDATE T_Student SET FFavorite='Travel';
Query OK, 5 rows affected (0.00 sec)
Rows matched: 5   Changed: 5   Warnings: 0

mysql> SELECT * FROM T_Student;
+-----------+----------+------+-----------+-------------------+
| FNumber | FName | FAge | FFavorite | FPhoneNumber |
+-----------+----------+------+-----------+-------------------+
| 001      | Tom    | 18 | Travel    | NULL         |
| 002      | Jim    | 19 | Travel    | NULL         |
| 003      | Lili   | 22 | Travel    | 18612345678  |
| 004      | Perter | 16 | Travel    | 18812345678  |
| 005      | Smith  | 28 | Travel    | NULL         |
+-----------+----------+------+-----------+-------------------+
5 rows in set (0.00 sec)

mysql>
```

上述实例是一次性将所有 Record 的 FFavorite 字段值都被设置成了"Travel"。但这有时无法满足只更新符合特定条件的行的需求，比如将 Jim 的年龄修改为 12 岁。要实现这样的功能，只要使用 WHERE 子句就可以了，在 WHERE 语句中我们设定适当的过滤条件，这样 UPDATE 语句只会更新符合 WHERE 子句中过滤条件的 Record，而其他 Record 的数据则不会被修改。

【示例 7-4】 只修改数据表 T_Student 中符合条件的 Record。

```
mysql> UPDATE T_Student SET FAge=12 WHERE FName='Jim';
Query OK, 1 row affected (0.00 sec)
Rows matched: 1   Changed: 1   Warnings: 0
```

```
mysql> SELECT * FROM T_Student;
+----------+---------+------+----------------+------------------+
| FNumber | FName  | FAge | FFavorite     | FPhoneNumber    |
+----------+---------+------+----------------+------------------+
| 001      | Tom    |   18 | Programming | 0531-12345678 |
| 002      | Jim    |   12 | Programming | 0531-12345678 |
| 003      | Lili   |   22 | Programming | 0531-12345678 |
| 004      | Perter |   16 | Programming | 0531-12345678 |
| 005      | Smith  |   28 | Programming | 0531-12345678 |
+----------+---------+------+----------------+------------------+
5 rows in set (0.00 sec)

mysql>
```

在上述示例中，FName 字段只有名为"Jim"的 Record 被修改了。这里，WHERE 子句"WHERE FName='Jim'"表示只修改 FName 字段中为"Jim"的 Record。

6. 删除数据表中的数据

数据库中的数据都有一定的生命周期，当不再被需要的时候就要被删除，DELETE 语句提供了将数据从表中删除的功能：

```
DELETE FROM T_Student;
```

该 DELETE 语句会将数据表 T_Student 中的所有数据全部删除。如果只想删除指定的 Record，那么同样可以使用 WHERE 子句，使用方法与 UPDATE 语句类似。

【示例 7-5】 只删除数据表 T_Student 中符合条件的 Record。

```
mysql> DELETE FROM T_Student WHERE FNumber='004';
Query OK, 1 row affected (0.00 sec)

mysql> SELECT * FROM T_Student;
+----------+---------+------+----------------+------------------+
| FNumber | FName | FAge | FFavorite     | FPhoneNumber    |
+----------+---------+------+----------------+------------------+
| 001      | Tom   |  18  | Programming | 0531-12345678 |
| 002      | Jim   |  12  | Programming | 0531-12345678 |
| 003      | Lili  |  22  | Programming | 0531-12345678 |
| 005      | Smith |  28  | Programming | 0531-12345678 |
+----------+---------+------+----------------+------------------+
4 rows in set (0.00 sec)

mysql>
```

用户容易把 DROP TABLE 语句和 DELETE 混淆，虽然二者名字中都有"删除"两个字，不过 DELETE 语句仅仅是删除表中的 Record，而表的结构还存在；而 DROP TABLE 语句则不仅删除了表中的数据行，而且也删除了表的结构。做一个形象的比喻：DELETE

语句仅仅是"吃光碗里的饭",而 DROP TABLE 语句则是"除了吃光碗里的饭还将碗丢弃"。如果我们执行"DROP TABLE T_Student"的话,那么再次执行"SELECT * FROM T_Student"的时候数据库系统就会报错,因为数据表 T_Student 已经不存在。

7. 检索数据表中的数据

在 SQL 中,SELECT 语句主要用于数据检索(查找)。数据检索最简单的任务便是取出一张表中所有的数据,完成该任务的 SELECT 语句也是最简单的,就是我们之前使用的:

```
SELECT * FROM 表名
```

SELECT 语句执行的结果中包含了表中的所有数据,有的时候并不需要所有列的数据。比如,当只需要检索学生的姓名时,如果采用"SELECT * FROM T_Student"进行检索的话,数据库系统会将所有字段的数据从数据库中取出来,这不仅会占用不必要的 CPU 和内存资源,网络传输时也会占用一定的网络带宽,虽然在本机实验环境下不会有很大影响,但如果在真实的生产环境中就会大大降低系统的吞吐量,因此最好在检索之后只检索需要的字段。

检索出所有字段的语句为"SELECT * FROM T_Student",其中的星号"*"意味着"所有字段",如果要检索出特定字段的数据,只要将星号"*"替换成要检索的字段名就可以了。

很多情况下,用户需要按照一定的过滤条件来检索表中的部分数据,这个时候可以先检索出表中所有的数据,然后检查每一行,看是否符合指定的过滤条件,完成上述数据过滤同样需要 WHERE 子句。WHERE 子句在 SELECT 语句中的使用方法与在 UPDATE 语句和 DELETE 语句中的使用方法相同。

【示例 7-6】 检索数据表 T_Student 中的数据。

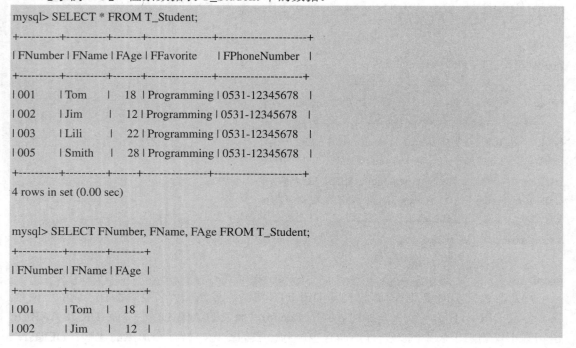

```
mysql> SELECT * FROM T_Student;
+---------+--------+------+-------------+----------------+
| FNumber | FName  | FAge | FFavorite   | FPhoneNumber   |
+---------+--------+------+-------------+----------------+
| 001     | Tom    |   18 | Programming | 0531-12345678  |
| 002     | Jim    |   12 | Programming | 0531-12345678  |
| 003     | Lili   |   22 | Programming | 0531-12345678  |
| 005     | Smith  |   28 | Programming | 0531-12345678  |
+---------+--------+------+-------------+----------------+
4 rows in set (0.00 sec)

mysql> SELECT FNumber, FName, FAge FROM T_Student;
+---------+--------+------+
| FNumber | FName  | FAge |
+---------+--------+------+
| 001     | Tom    |   18 |
| 002     | Jim    |   12 |
```

```
| 003      | Lili     | 22    |
| 005      | Smith    | 28    |
+----------+----------+-------+
4 rows in set (0.00 sec)

mysql> SELECT FNumber, FName, FAge FROM T_Student WHERE FAge>20;
+----------+----------+------+
| FNumber  | FName    | FAge |
+----------+----------+------+
| 003      | Lili     | 22   |
| 005      | Smith    | 28   |
+----------+----------+------+
2 rows in set (0.00 sec)

mysql>
```

7.2　MySQL 的 C 编程接口

除了使用 MySQL 客户端外，还可以通过其他的编程语言访问 MySQL，包括 C/C++、Java、Perl、Python、Ruby、PHP 等。本节主要讲解 MySQL 的 C 编程接口，因为其他语言也使用相同的库来建立连接。

7.2.1　执行查询语句

MySQL 开发的 SDK 为用户提供了 MySQL 结构，作为数据库连接的句柄，后续几乎所有的 MySQL 库函数都会使用到它。该连接句柄主要用作函数参数，无须详细探究其内部。使用 C 语言连接 MySQL 数据库大致分为以下三个步骤：初始化连接句柄、进行实际连接以及关闭连接。

1. 函数 mysql_init()

函数 mysql_init()主要用于初始化一个连接句柄，原型如下：

```
#include <mysql.h>

MYSQL *mysql_init(MYSQL *);
```

函数 mysql_init()的参数为连接句柄结构的地址：当参数为 NULL 时，函数会返回一个指向新分配的连接句柄的指针；当参数为已有连接句柄地址时，函数将对其进行重新初始化。函数执行成功时返回值——连接句柄的地址；执行失败返回 NULL。

2. 函数 mysql_real_connect()

函数 mysql_real_connect()用于连接句柄至 MySQL 数据库，原型如下：

```
MYSQL *mysql_real_connect(
        MYSQL *connection,                //连接句柄
        const char *server_host,          //主机地址
        const char *sql_user_name,        //用户名
        const char *sql_password,         //用户密码
        const char *db_name,              //数据库名
        unsigned int port_number,         //端口号
        const char *unix_socket_name,     //UNIX 套接字
        unsigned int flags);              //连接标志
```

函数 mysql_real_connect()执行成功时返回值——连接句柄的地址；执行失败返回 NULL。该函数所需的参数总计有 8 个：

- ✧ connection 为已经被函数 mysql_init()初始化过的连接句柄。
- ✧ server_host 为 MySQL 服务器地址，既可以是主机名，也可以是 IP 地址。
- ✧ sql_user_name 为登录用户名，如果为 NULL，则默认为当前用户。
- ✧ sql_password 为登录用户的密码，该密码会在网络传输前加密。
- ✧ db_name 为连接的目标数据库。
- ✧ port_number 为访问端口号，给 0 值表示使用 MySQL 的默认端口号 3306。
- ✧ unix_socket_name 为 MySQL 访问的本地套接字，默认 NULL 即可。
- ✧ flags 用于指定 MySQL 的连接属性标志，各标志以宏定义的形式给出，并且可以进行位或运算，默认 0 即可。

3. 函数 mysql_close()

使用完连接之后，通常在程序退出时，需要调用函数 mysql_close()关闭连接，原型如下：

```
void mysql_close(MYSQL *connetion);
```

函数 mysql_close()执行完毕后，程序与数据库之间的连接将会关闭。如果连接句柄是由函数 mysql_init()创建的，则该句柄也会被释放，指针将失效并无法再次使用。保留一个不需要的连接是对资源的浪费，但是重新打开连接也会带来额外的开销，所以用户必须权衡何时使用这些函数。

4. 函数 mysql_options()

函数 mysql_options()的调用仅发生在函数 mysql_init()和 mysql_real_connect()之间，用于设置连接选项，原型如下：

```
int mysql_options(MYSQL *connection,enum option_to_set,const char *argument);
```

函数 mysql_options()执行成功返回 0，执行失败返回错误码。该函数调用一次只能设置一个选项，所以每设置一个选项就得调用一次。可以根据需要多次使用该函数，只要它出现在函数 mysql_init()和 mysql_real_connect()之间即可。并不是所有的选项都是字符串类型，因此首先必须将它们转换为字符串类型。其中最常用的选项有三个，如表 7-8 所示。

表 7-8　函数 mysql_options()常用选项

enum 选项	实参类型	描　　述
MySQL_OPT_CONNTCT_TIMEOUT	const unsigned int *	连接超时之前等待数秒
MySQL_OPT_COMPRESS	const unsigned int *	网络连接中使用压缩机制
MySQL_INIT_COMMAND	Const char*	每次连接建立后发送的命令

5．函数 mysql_errno()和 mysql_error()

与 MySQL 交互出现错误时，可以使用函数 mysql_errno()和 mysql_error()分别获取错误码和错误描述，原型如下：

```
unsigned int mysql_errno(MYSQL *connection);
char *mysql_error(MYSQL *connection);
```

函数 mysql_errno()通过连接句柄来获得错误码，连接句柄有错误时返回非 0 值，没有错误返回 0。由于每次调用库都会更新错误码，所以只能得到最后一个执行错误命令的错误码。但是上面列出的两个错误检查例程是例外，它们不会导致错误码的更新。相比于函数 mysql_errno()而言，函数 mysql_error()返回的是更有意义的文本信息而不是单调的错误码。

【示例 7-7】　使用库函数访问 MySQL。

```
#include <unistd.h>
#include <stdlib.h>
#include <stdio.h>
#include <mysql/mysql.h> // MySQL 头文件

int main(int argc, char **argv)
{
    // 定义连接句柄
    MYSQL conn = {0};

    // 检测用户输入
    if( argc!= 4)
    {
        fprintf(stderr, "missing operand\n");
        exit(-1);
    }

    // 初始化连接句柄
    if(!mysql_init(&conn))
    {// 初始化失败
        fprintf(stderr, "mysql_init() failed: %s\n", mysql_error(&conn));
        exit(-1);
```

```
        }else
        {// 初始化成功
                printf("mysql_init(): successful\n");
        }


        //连接数据库
        if(!mysql_real_connect(      &conn,          //连接句柄
                                     "localhost",    //本地地址作为 MySQL 服务器地址
                                     argv[1],        //用户输入：用户名
                                     argv[2],        //用户输入：登录密码
                                     argv[3],        //用户输入：数据库名
                                     3306,           //MySQL 默认端口号
                                     NULL,           //默认 NULL
                                     0)              //默认 0
                )
        {// 连接数据库失败
                fprintf(stderr, "mysql_real_connect() failed: %s\n", mysql_error(&conn));
                exit(-1);
        }else
        {// 连接数据库成功
                printf("mysql_real_connect(): successful\n");
        }


        //断开并关闭数据库连接
        mysql_close(&conn);


        exit(0);
}
```

    程序编译运行结果如下：

```
[root@instructor Desktop]#gcc connect.c -L/usr/lib/mysql -lmysqlclient -o connect
[root@instructor Desktop]# ./connect ##  缺少参数
missing operand
[root@instructor Desktop]# ./connect root centos centos ##  密码错误
mysql_init(): successful
mysql_real_connect() failed: Access denied for user 'root'@'localhost' (using password: YES)
[root@instructor Desktop]# ./connect root redhat centos ##  数据库名错误
mysql_init(): successful
mysql_real_connect() failed: Unknown database 'centos'
[root@instructor Desktop]# ./connect root redhat centdb ##  输入正确
mysql_init(): successful
```

mysql_real_connect(): successful

6．执行查询语句

当建立起与数据库的连接后，就可以通过连接句柄在服务器端执行 SQL 语句了。MySQL 标准库提供了函数 mysql_query() 以执行 SQL 语句，函数原型如下：

```
int mysql_query(MYSQL *connection, const char *query)
```

函数 mysql_query() 执行成功返回 0，执行失败返回错误码。该函数需要两个参数：connection 为已经连接至数据库的连接句柄，query 为需要执行的 SQL 语句。

7.2.2　提取查询结果

考虑到 SQL 语句的执行效果，函数 mysql_query() 的使用需要同时兼顾无返回数据和有返回数据的 SQL 语句。对于有返回数据的 SQL 语句，还应考虑其数据提取、数据处理以及数据清理等操作。

1．无返回数据的 SQL 语句

无返回数据的 SQL 语句有很多，诸如 UPDATE、DELETE、INSERT 等。为了处理无返回数据的 SQL 语句，MySQL 标准库引入了函数 mysql_effected_rows()，该函数主要用于获取执行 SQL 语句所影响的行数，函数原型如下：

```
my_ulonglong mysql_effected_rows(MYSQL *connection);
```

函数 mysql_effected_rows() 的返回值为执行 SQL 语句所影响的行数，0 表示没有行受到影响，正数则是实际受影响的行数。

【示例 7-8】 C 程序嵌入 SQL 语句-查询记录。

```c
#include <unistd.h>
#include <stdlib.h>
#include <stdio.h>
#include <mysql/mysql.h>

int main(int argc, char **argv)
{
    int res = 0;
    MYSQL conn = {0};
    char *sql = "INSERT INTO"        // 待执行的 SQL 语句
                "T_Student(FNumber,FName,FAge,FFavorite,FPhoneNumber)"
                "VALUES('006','Label',28,'Football','0531-88888888')";

    // 初始化连接句柄
    mysql_init(&conn);

    // 连接至数据库
    if(!mysql_real_connect(&conn, "localhost", "root", "yinggu", "centdb", 0, NULL, 0))
```

```
        { // 连接数据库失败
                fprintf(stderr, "Connect error %d: %s\n",
                                        mysql_errno(&conn),        //打印错误编号
                                        mysql_error(&conn));       //打印错误信息
                exit(-1);
        }else
        { // 连接数据库成功
                printf("mysql_real_connect(): successful\n");
                // 执行插入数据的 SQL 语句
                res = mysql_query(&conn, sql);
                if(!res)
                { // SQL 语句执行成功
                        printf("Insert %lu rows\n",               // 打印受影响的行数
                                        (unsigned long)mysql_affected_rows(&conn));
                }else
                { // SQL 语句执行失败
                        fprintf(stderr, "Insert error %d: %s\n",
                                        mysql_errno(&conn),        // 打印错误编号
                                        mysql_error(&conn));       // 打印错误信息
                        exit(-1);
                }
        }

        // 断开并关闭数据库连接
        mysql_close(&conn);

exit(0);
}
```

程序编译运行结果如下：

```
## 1. 使用 MySQL 客户端连接至数据库，查看 insert 执行前的数据，省去登录步骤
mysql> select * from T_Student;
+---------+-------+--------+---------------+---------------------+
| FNumber | FName | FAge   | FFavorite     | FPhoneNumber        |
+---------+-------+--------+---------------+---------------------+
| 001     | Tom   |   18   | Programming   | 0531-12345678       |
| 002     | Jim   |   12   | Programming   | 0531-12345678       |
| 003     | Lili  |   22   | Programming   | 0531-12345678       |
| 005     | Smith |   28   | Programming   | 0531-12345678       |
+---------+-------+--------+---------------+---------------------+
4 rows in set (0.00 sec)
```

2. 编译并执行 insert.c 程序

```
[root@instructor Desktop]# gcc -L/usr/lib/mysql -lmysqlclient insert.c -o insert
[root@instructor Desktop]# ./insert
mysql_real_connect(): successful
Insert 1 rows
```

3. 使用 MySQL 客户端连接至数据库，查看 insert 执行后的数据，省去登录步骤

```
mysql> select * from T_Student;
+-----------+---------+------+---------------+---------------------+
| FNumber | FName | FAge | FFavorite     | FPhoneNumber        |
+-----------+---------+------+---------------+---------------------+
| 001      | Tom    |  18 | Programming  | 0531-12345678       |
| 002      | Jim    |  12 | Programming  | 0531-12345678       |
| 003      | Lili   |  22 | Programming  | 0531-12345678       |
| 005      | Smith  |  28 | Programming  | 0531-12345678       |
| 006      | Label  |  28 | Football      | 0531-88888888       |
+-----------+---------+------+---------------+---------------------+
5 rows in set (0.00 sec)
```

2. 有返回数据的 SQL 语句

SQL 使用最多的功能是提取数据，而非插入或更新数据，数据提取需要使用 SELECT 语句。在 C 程序的设计中，提取数据一般需要以下四个步骤：

◇ 执行查询：使用函数 mysql_query()执行查询语句。

◇ 提取数据：使用函数 mysql_store_result()或 mysql_use_result()提取数据。

◇ 处理数据：使用一系列函数 mysql_fetch_row()来处理数据。

◇ 清理结果：使用函数 mysql_free_result()释放查询占用的内存资源。

对于数据提取，函数 mysql_store_result()和 mysql_use_result()的区别主要在于：前者调用一次返回所有的结果，而后者调用一次仅返回一条数据结果。当预计结果集比较小时，后者会更适合。

3. 一次性提取所有查询数据

函数 mysql_store_result()用于从 SELECT(或其他返回数据的语句)查询语句中一次性提取所有数据，原型如下：

```
MYSQL_RES *mysql_store_result(MYSQL *connection);
```

函数 mysql_store_result()的调用应发生在函数 mysql_query()成功调用之后，该函数将立刻保存客户端中返回的所有数据，它的返回值是一个指向结果集结构的指针，如果失败则返回 NULL。

函数 mysql_store_result()调用成功之后，可以调用函数 mysql_num_rows()来得到返回记录的数目，原型如下：

```
my_ulonglong   mysql_num_rows(MYSQL_RES *result);
```

函数 mysql_num_rows()返回值类型为无符号长整型，调用成功返回结果集记录的数目，当结果集为空时返回 0。该函数的参数为函数 mysql_store_result()返回的结果集句柄，如果函数 mysql_store_result()调用成功，函数 mysql_num_rows()将始终都是成功的。

通过上述函数的组合使用，获得了一种提取所需数据的简单方法。到此为止，所有数据对于客户端来说都是本地的，不必再担心网络或数据库可能弄错了。对返回行数的获取将有助于随后的编程。

函数 mysql_fetch_row()主要用于从函数 mysql_store_result()得到的结果集中提取一行，并把它放到一个行结构中，当数据用完或发生错误时返回 NULL，其函数原型如下：

```
MYSQL_ROW mysql_fetch_row(MYSQL_RES *result);
```

MySQL 开发库还提供了一系列行偏移量移动函数，原型如下：

```
void mysql_data_seek(MYSQL_RES *result,my_ulonglong offset);
MYSQL_ROW_OFFSET mysql_row_tell(MYSQL_RES *result)
MYSQL_ROW_OFFSET mysql_row_seek(MYSQL_RES *result,MYSQL_ROW_OFFSET offset);
```

上述三个函数中，函数 mysql_data_seek()将以绝对偏移量的方式在结果集中进行跳转，该函数将会设置函数 mysql_fetch_row()下一次操作返回的行。参数 offset 的值为行号，必须在 0 到结果集总行数减 1 的范围内。

函数 mysql_row_tell()将返回一个偏移值，用来表示结果集中的当前位置。该返回值并非一个传统意义上的行号，因此不能把它用于函数 mysql_data_seek()。

函数 mysql_row_seek()将在结果值中移动当前位置，并返回之前的位置。一般情况下，函数 mysql_row_seek()经常与函数 mysql_row_tell()联合使用，这对于在结果集中的已知点之间移动是非常有必要的。但应避免偏移量和行号的混淆，以免使结果不可预知。

在完成了对结果集的所有操作后，必须调用函数 mysql_free_result()，清理 MySQL 库分配的对象，原型如下：

```
void   mysql_free_result(MYSQL_RES *result);
```

4．逐行提取单条查询数据

上面介绍了可以使用函数 mysql_store_result()一次性提取所有的查询数据到本地，而函数 mysql_use_result()则可用于逐行提取单条查询数据，原型如下：

```
MYSQL_RES   *mysql_use_result(MYSQL *connection);
```

与函数 mysql_store_result()一样，函数 mysql_use_result()在遇到错误时也返回 NULL；如果成功，它返回指向对象集的指针。但是二者的不同之处在于函数 mysql_use_result()未将提取的数据放到其初始化的结果集中，如果没有从 mysql_use_result()中得到所有数据，那么后续程序中提取数据的操作所返回的信息可能会遭到破坏。

相比于函数 mysql_store_result()而言，函数 mysql_use_result()具备资源管理方面的实质性好处，但是它不能与函数 mysql_data_seek()、mysql_row_seek()或 mysql_row_tell()一起使用，且由于所有数据都被提取后才能产生实际效用，所以函数 mysql_num_rows()的使用也受到限制。

此外，函数 mysql_use_result()还增加了时延，因为每个行请求和结果的返回都必须经过网络传输。存在的另一种可能性是，网络连接可能在操作中途失败，造成数据不完整。但是无论怎样，都不能否则函数 mysql_use_result()带来的好处：更好地平衡了网络负载，以及减少了超大的数据集可能带来的存储开销。

5．处理返回的数据

完成数据行提取之后，就可以进一步提取返回的实际数据了，MySQL 返回的数据大致分为两类：

✧　从表中提取的信息，也就是列数据。

✧　关于数据的数据，即所谓的元数据，例如列名和类型。

MySQL C 开发库提供了一系列的函数用于处理查询结果，其中函数 mysql_field_count()用于返回结果集中的字段数，原型如下：

```
unsigned int mysql_field_count(MYSQL *connection);
```

通常情况下，使用函数 mysql_field_count()还可以实现其他功能，比如判断函数 mysql_store_result()的调用为何会失败：如果函数 mysql_store_result()返回 NULL，但是函数 mysql_field_count()返回一个正数，则可以推测提取有错误；但是如果函数 mysql_field_count()返回 0，则表示没有列可以提取。因此有理由认为，了解一个特定查询应返回的列数很有必要。

如果需要同时获得 MySQL 返回的数据和元数据，就需要使用函数 mysql_fetch_field()将所需数据提取到一个新的结构中，原型如下：

```
MYSQL_FIELD *mysql_fetch_field(MYSQL_RES *result);
```

函数 mysql_fetch_field()返回值类型为 MYSQL_FIELD，该结构定义在 MySQL 标准头文件中，其成员的详细描述如表 7-9 所示。

表 7-9　MYSQL_FIELD 结构成员一览表

整数数值类型	描　述
char *name;	字段名。为字符串
char *table;	表名。当一个查询要使用到多个表时，这将特别有用
char *def;	如果调用函数 mysql_list_fields()，它将包含该字段的默认值
enum enum_field_types type;	列类型。具体可以查看 mysql_com.h
unsigned int length;	列宽。在定义表时指定
unsigned int max_length;	如果使用函数 mysql_store_result()，它将包含以字节为单位的提取的最长列值的长度；如果使用函数 mysql_use_result()，它将不会被设置
unsigned int flags;	字段标志。常见标志的含义都很明显，它们是 NOT_NULL_FLAG、PRI_KEY_FLAG、UNSIGNED_FLAG、AUTO_INCREMENT_FLAG 和 BINART_FLAG
unsigned int decimals;	小数点后的数字个数，仅对数字字段有效

函数 mysql_fetch_field()与函数 mysql_fetch_row()类似，需要重复调用以逐条获取数据，直到返回表 NULL 值为止。然后，使用指向字段结构数据的指针来得到关于列的信息。

【示例 7-9】 C 程序嵌入 SQL 语句-查询表记录。

```c
#include <unistd.h>
#include <stdlib.h>
#include <stdio.h>
#include <mysql/mysql.h>

// 字段信息输出函数声明
void display_field(MYSQL_RES*);
// 记录信息输出函数声明
void display_record(MYSQL*, MYSQL_ROW);

// 主函数
int main(int argc, char **argv)
{
        int retval = 0;                         //记录返回值
        MYSQL conn = {0};                       //MySQL 连接句柄
        MYSQL_RES *result = NULL;               //SQL 语句执行结果句柄指针
        MYSQL_ROW record = {0};                 //记录句柄

        //初始化 MySQL 连接句柄
        mysql_init(&conn);

        //连接至 MySQL 数据库
                if(!mysql_real_connect(&conn, "localhost", "root", "redhat", "centdb",3306, NULL, 0))
        { //连接失败处理
                fprintf(stderr, "connect failed: %s!\n", mysql_error(&conn));
        }
        else
        { // 连接成功处理
                printf("connect successful!\n");
                //执行 SQL 语句
                if(retval = mysql_query(&conn, "SELECT * FROM T_Student;"))
                {// SQL 语句执行失败
                        fprintf(stderr, "mysql_query() failed: %s.\n",mysql_error(&conn));
                }
```

```
            else
            {    // SQL 语句执行成功；
                //提取 SQL 语句结果；
                if( result = mysql_store_result(&conn) ) // 提取结果
                {    // SQL 执行结果提取成功
                        // 调用字段处理函数，输出字段信息
                        printf("field details:\n");
                        display_field(result);

                        //调用记录处理函数，输出记录信息
                        printf("record details:\n");
                        while( record = mysql_fetch_row(result))
                        {
                                display_record(&conn, record);
                        }
                        //检测记录提取有无异常
                        if( mysql_errno(&conn) )
                        {    //有异常
                                fprintf(stderr, "retrive error: %s.\n",mysql_error(&conn));
                        } else
                        {//无异常
                                printf("record output compelete.\n");
                        }

                        //释放结果句柄
                        mysql_free_result(result);
                } else
                {    // SQL 执行结果提取失败
                        fprintf(stderr, "mysql_store_result(): %s.\n",mysql_error(&conn));
                }
            }
        //关闭并释放 MySQL 连接句柄
        mysql_close(&conn);
    }
    //主函数退出
    exit(0);
}
```

```c
// 字段信息输出函数定义
void display_field(MYSQL_RES *result)
{
        // 定义字段结构
        MYSQL_FIELD *field = NULL;

        //提取字段信息
        while(field = mysql_fetch_field(result))
        {
                // 提取字段名称
                printf(" %s\t", field->name);
                // 提取字段类型
                switch(field->type)
                {
                        case FIELD_TYPE_SHORT :
                        case FIELD_TYPE_INT24 :
                        case FIELD_TYPE_LONG :                  //整型
                                printf("INT"); break;
                        case FIELD_TYPE_DECIMAL :       //定点数
                                printf("DECIMAL"); break;
                        case FIELD_TYPE_FLOAT :                 //浮点数-FLOAT
                                printf("FLOAT"); break;
                        case FIELD_TYPE_DOUBLE :                //浮点数-DOUBLE
                                printf("DOUBLE"); break;
                        case FIELD_TYPE_VAR_STRING :    //变长字符串
                                printf("VARCHAR"); break;
                        case FIELD_TYPE_DATE :                  //日期类型
                                printf("DATE"); break;
                        case FIELD_TYPE_TIME :                  //时间类型
                                printf("TIME"); break;
                        case FIELD_TYPE_DATETIME :              //日期时间类型
                                printf("DATETIME"); break;
                        default:
                                printf("Type is %d, check in mysql_com.h\n", field->type);
                }

                //提取字段长度
                printf("\t%ld\n", field->length);
```

```
            //提取字段其他标识信息(自增)
            if( field->flags & AUTO_INCREMENT_FLAG )
                    printf("\t Auto increments\n");
        }
        printf("\n");
}


// 记录信息输出函数声明
void display_record(MYSQL *conn, MYSQL_ROW record)
{
        // 字段编号
        int count = 0;

        for(count= 0; count<mysql_field_count(conn); count++)
        {
                if(record[count])
                        printf("%s\t", record[count]);
                else
                        printf("NULL");
        }

        printf("\n");
}
```

程序编译运行结果如下：

```
[root@instructor Desktop]# gcc -L/usr/lib/mysql -lmysqlclient select.c -o select
[root@instructor Desktop]# ./select
connect successful!
field details:
 FNumber      VARCHAR      20
 FName        VARCHAR      20
 FAge  INT    11
 FFavorite    VARCHAR      20
 FPhoneNumber         VARCHAR      20

record details:
001    Tom    18      Programming    0531-12345678
002    Jim    12      Programming    0531-12345678
```

003	Lili	22	Programming	0531-12345678
005	Smith	28	Programming	0531-12345678
006	Label	28	Football	0531-88888888

record output compelete.

小　结

通过本章的学习，读者应该了解：

✧ 数据库本质上就是数据的仓库。MySQL 作为一款开源的小型关系型数据库管理系统，被广泛地应用于中小型系统中，其资源占用空间非常小，易于安装、使用和管理。

✧ 掌握数据库基本的专业术语：Catalog(数据库)、Table(表)、Column(列)、Data Type(数据类型)、Record(记录)、Primary Key(主键)等。

✧ SQL 是数据库的一种特殊的交互和程序设计语言，主要用于组织、管理和检索数据库。SQL 是专为数据库而建立的操作命令集，是一种功能齐全的数据库语言。

✧ MySQL 典型的数据类型包括数值类型、字符串类型、日期时间类型以及二进制类型。其中，数值类型又细分为整型数值类型、定点数值类型和浮点数值类型。

✧ MySQL 用户应掌握基本的数据库管理 SQL 语句，包括 CREAT DATABASE(创建数据库)、DROP DATABASE(删除数据库)、CREATE TABLE(创建数据表)、DROP TABLE(删除数据表)以及 DESC(查看表结构)。

✧ MySQL 用户应掌握基本的数据库操作 SQL 语句，包括 INSERT INTO(插入数据)、DELETE FROM(删除数据)、UPDATE(修改数据)以及 SELECT(查看数据)。

✧ 使用 C 语言连接 MySQL 数据库大致分为三个步骤：初始化连接句柄(函数 mysql_init())、实际进行连接(函数 mysql_real_connect())以及关闭连接(函数 mysql_close())。

✧ 在 C 程序的设计中，提取 MySQL 中的数据一般需要四个步骤：执行查询语句(函数 mysql_query())、提取数据(函数 mysql_store_result() 或 mysql_use_result())、处理数据(一系列函数 mysql_fetch_row())以及清理结果(函数 mysql_free_result()用来释放查询占用的内存资源)。

✧ 函数 mysql_store_result()用于从查询结果中一次性提取所有数据，而函数 mysql_use_result()用于从查询结果中逐条取出数据。

习　题

1. MySQL 基本数据类型包括数值类型、＿＿＿＿、＿＿＿＿以及＿＿＿＿。其中，数值类型又细分为＿＿＿＿、＿＿＿＿和＿＿＿＿。

2. 在 CentOS 系统上进行 MySQL 程序开发时需要安装 4 个软件，分别是_____、
_____、_____、_____。

3. MySQL 数据库的四项基本操作是数据的增删改查，其对应的 SQL 命令分别是
_____、_____、_____、_____。

4. 简述 MySQL C 开发中，连接数据库的步骤。

5. 简述 MySQL C 开发中，提取数据的步骤。

参 考 文 献

[1] Matthew N，Stones R．Linux 程序设计．北京：人民邮电出版社，2013.

[2] W Richard Stevens，Stephen A Rago．UNIX 环境高级编程．3 版．威正伟，等，译(译第 2 版)．北京：人民邮电出版社，2014.

[3] W Richard Stevens，Bill Fenner，Andrew M Rudoff．Linux 网络编程卷 1：套接字联网API．3 版．北京：人民邮电出版社，2015.

[4] W Richard Stevenss．Linux 网络编程卷 2：进程间通信．2 版．北京：人民邮电出版社，2015.

[5] 徐诚．Linux 环境 C 程序设计．北京：清华大学出版社，2014.

[6] 杨铸．Linux 下 C 语言应用编程．北京：北京航空航天大学出版社，2012.

[7] 申丰山，王黎明．操作系统原理与 Linux 实践教程．北京：电子工业出版社，2012.

[8] 程国钢．精通 Linux C 编程．北京：清华大学出版社，2015.

[9] 杨铸．Linux 下 C 语言应用编程．北京：北京航空航天大学出版社，2012.

[10] 张杰敏．基于 UNIX/Linux 的 C 系统编程．北京：清华大学出版社，2013.